米莱知识宇宙

启航吧知识号

领先世界的科研大工程

米莱童书 著/绘

北京理工大学出版社
BEIJING INSTITUTE OF TECHNOLOGY PRESS

你好，欢迎翻开《启航吧，知识号：领先世界的科研大工程》，我是这本书的作者，想在你正式开始阅读之前和你聊聊天。

近些年，中国发展得越来越快、越来越好，在各个领域都取得了领先于世界的成果，尤其是科学技术领域。当下的时代是科技的时代，掌握科技对一个国家意义重大。就拿空间站来说，在中国空间站建成之前，国际空间站的建造和使用一直被欧美国家把控，中国人如果想去太空做个实验，要先经过其他国家的允许，特别被动。但在太空环境中进行科研，是当下科学界不可或缺的一部分，这不是与某个单一领域相关，而是与生物、医学、化学、物理等众多领域密切相关。"一步退，步步退"，如果我们无法早日利用空间站搞科研，就会逐渐落后于其他国家，时间久了，在国际上会失去话语权，甚至连保持民族独立和国土完整都成问题。因此，中国潜心研究 30 年，按着自己的步调"三步走"，终于成功建成了中国载人空间站"天宫"。如今，"天宫"已经迎来了几轮中国航天员的轮换，中国人在太空中进行科研项目再也不用受制于人。预计几年后，国际空间站就会退役，到那时，"天宫"将成为太空中唯一服役的空间站。而且，"天宫"面向全世界开放，将对全人类的发展做出不可替代的贡献。

与空间站类似，中国在其他领域同样成绩斐然：建成了全世界单口径最大的射电望远镜——"天眼"，开启人类观测宇宙新纪元；在全国普及高铁，便利了 14 亿人的出行，同时极大促进了区域经济的发展；成功研制出了特高压输电技术，完成了宏大的"西电东送"工程……毫无疑问，这些工程的价值不可估量。

这些工程有的让我们的生活变得更好，有的承载了人类对于科学发展的期望，想想就让人热血澎湃，恨不得撸起袖子参与其中，为建造更美好的生活出一把力。

咦，等等，要怎么参与呢？

不要着急，我们这本《启航吧，知识号：领先世界的科研大工程》科普漫画正是要告诉你，雄心壮志是如何一步步实现的。这本书不但能让你知道这些工程的名字，还能让你能够像了解一个好朋友那样去了解它们怎样出生、怎样被添加更多的技能（就像你慢慢学会了说话、走路……）、怎样克服各种建造上的困难（就像你好不容易解出了一道数学题）、怎样达到全球领先的位置！如果你心怀航海的梦想，你就要先见过最坚固的船、最猛烈的风暴，以及最遥远的彼岸。唯有一步步"见到"，才能亲自抵达。

　　除了对知识的准确讲解，漫画故事还要保证有趣，因为感到有趣和好玩，从来都是吸引人做一件事的最强驱动力。为此，漫画里加入了一些创新的尝试——让每个角色都"活起来"，与正在读书的你进行互动。你会遇到各种想认识你的工程朋友，至于到底要怎么和这些朋友打交道，就由你之后亲自去看看啦！

　　当下中国的崛起是有目共睹的，这离不开每一位迎难而上的科学家，也离不开每一位辛勤工作的普通人，更离不开未来可期的你。希望这套书能让你在感到有趣的同时，收获满满的知识，打开未来人生的新起点！

米莱知识宇宙

目录

巡视宇宙的望远镜

地球之外的宫殿

专家审读 戴 磊 中国科学院国家空间科学中心研究员

冯永勇 中国科学院国家空间科学中心副研究员

潜入深海的探险

专家审读 刘希林 中国船舶七二五所第八研究室研究员，
"奋斗者"号载人球壳焊接项目负责人

1 巡视宇宙的望远镜

①利用脉冲星定位航天器，需要至少 3 颗脉冲星。

和天眼打招呼

①天眼的英文名全称为 Five-hundred-meter Aperture Spherical radio Telescope。

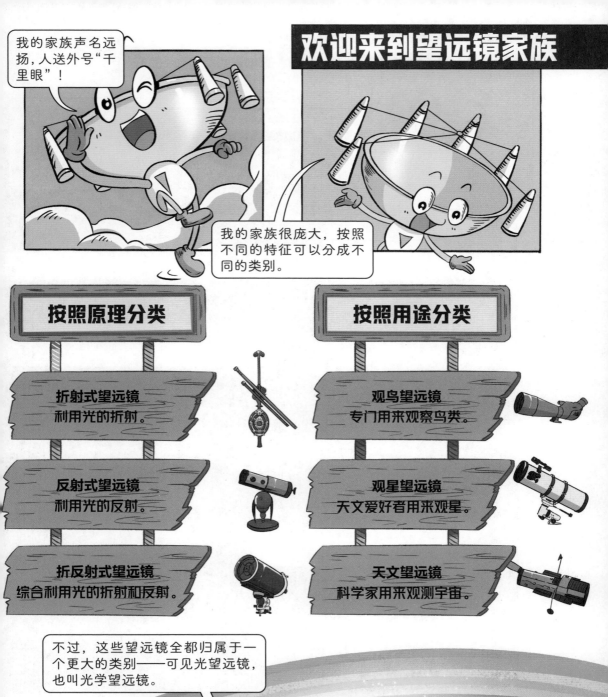

欢迎来到望远镜家族

我的家族声名远扬，人送外号"千里眼"！

我的家族很庞大，按照不同的特征可以分成不同的类别。

按照原理分类

折射式望远镜
利用光的折射。

反射式望远镜
利用光的反射。

折反射式望远镜
综合利用光的折射和反射。

按照用途分类

观鸟望远镜
专门用来观察鸟类。

观星望远镜
天文爱好者用来观星。

天文望远镜
科学家用来观测宇宙。

不过，这些望远镜全都归属于一个更大的类别——可见光望远镜，也叫光学望远镜。

可见光就是人眼可以看见的光，这条彩虹就囊括了所有的可见光哦！

11

光是什么？

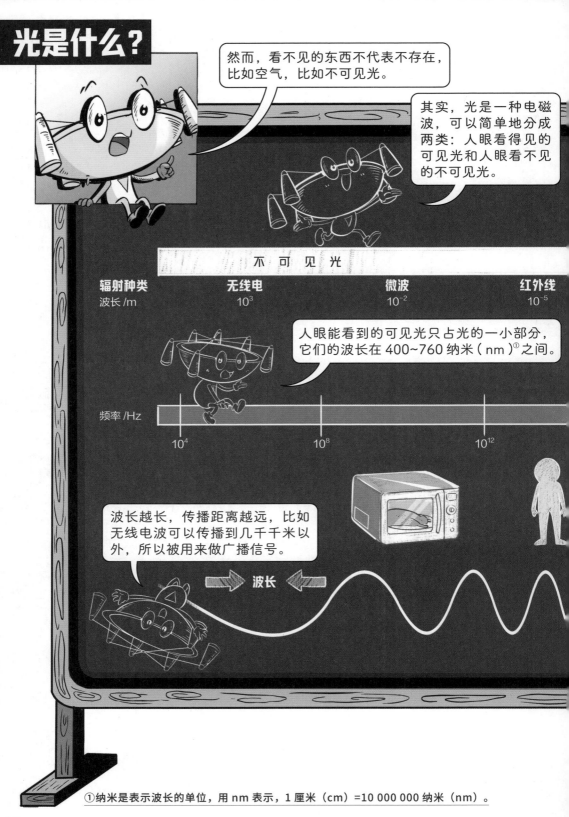

然而，看不见的东西不代表不存在，比如空气，比如不可见光。

其实，光是一种电磁波，可以简单地分成两类：人眼看得见的可见光和人眼看不见的不可见光。

不 可 见 光

辐射种类	无线电	微波	红外线
波长 /m	10^3	10^{-2}	10^{-5}

人眼能看到的可见光只占光的一小部分，它们的波长在 400~760 纳米（nm）[1]之间。

频率 /Hz

10^4　　　　　10^8　　　　　10^{12}

波长越长，传播距离越远，比如无线电波可以传播到几千千米以外，所以被用来做广播信号。

➡ 波长 ⬅

①纳米是表示波长的单位，用 nm 表示，1 厘米（cm）=10 000 000 纳米（nm）。

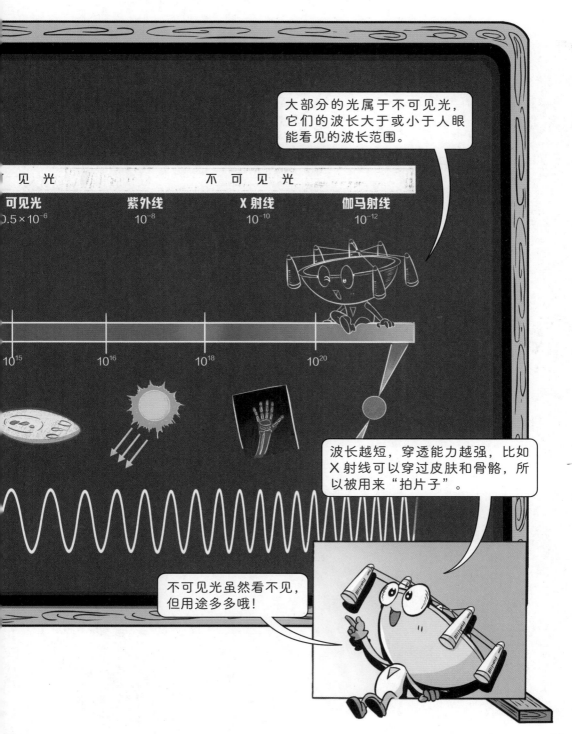

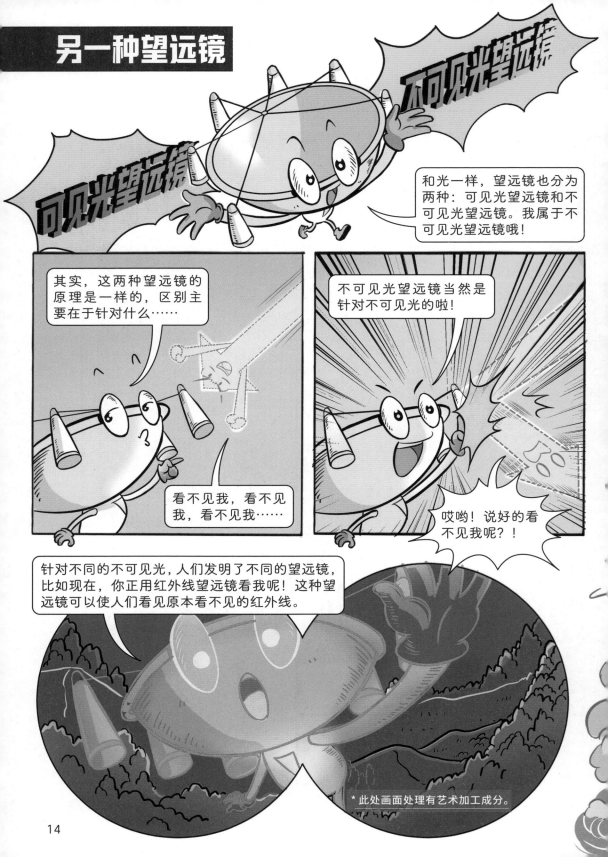

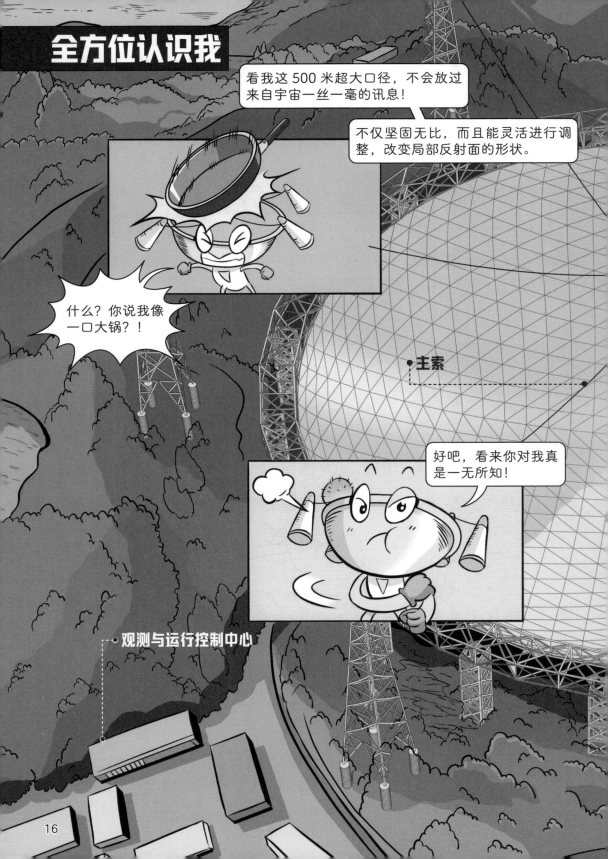

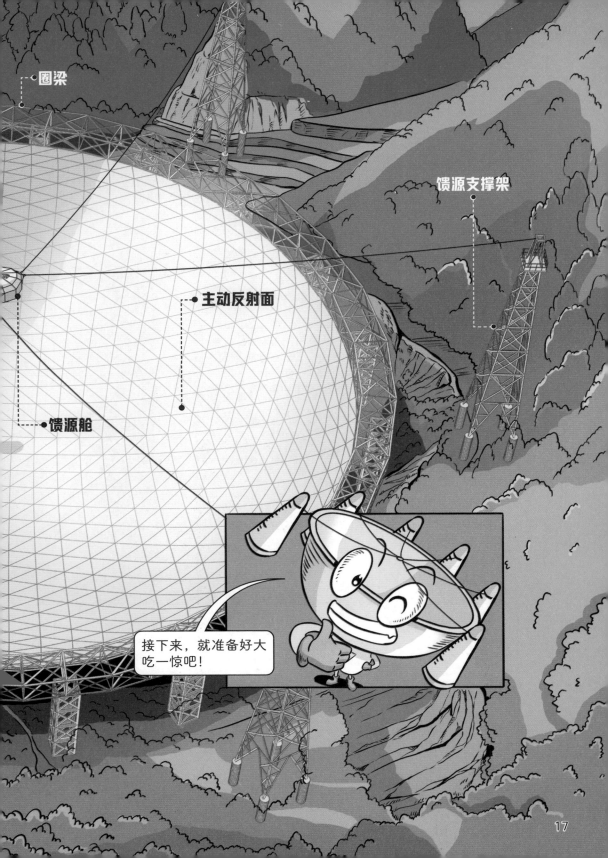

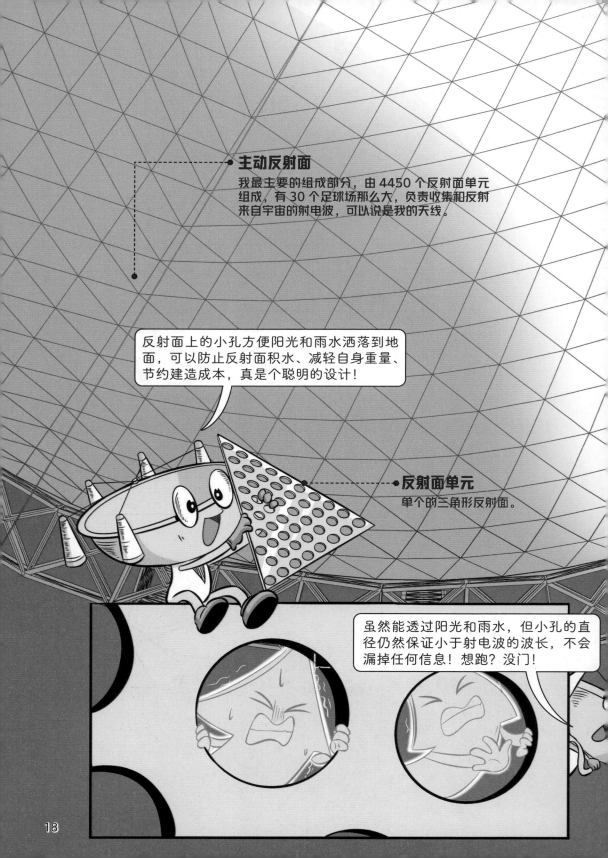

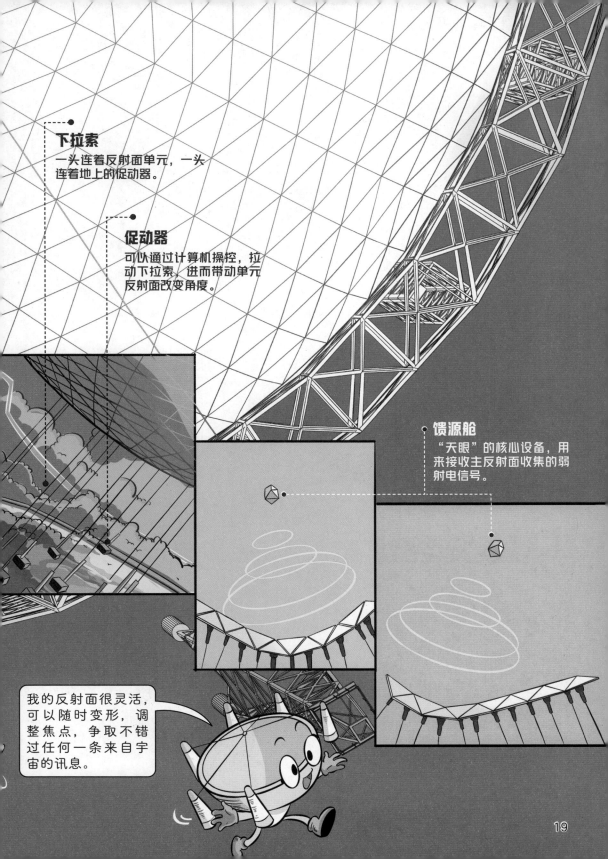

下拉索
一头连着反射面单元，一头
连着地上的促动器。

促动器
可以通过计算机操控，拉
动下拉索，进而带动单元
反射面改变角度。

馈源舱
"天眼"的核心设备，用
来接收主反射面收集的弱
射电信号。

我的反射面很灵活，
可以随时变形，调
整焦点，争取不错
过任何一条来自宇
宙的讯息。

馈源舱

馈源舱

馈源舱

我捕捉的射电波最后会聚焦在这里，这里可以看作是我的"眼珠"。我的馈源舱质量为 30 吨，已经算是很轻巧了；馈源舱体积很小，这可以减少干扰信号，使我得到非常干净的射电波。

馈源舱

主索

连接着馈源舱和支撑塔的主索，能够"拽着"馈源舱移动。

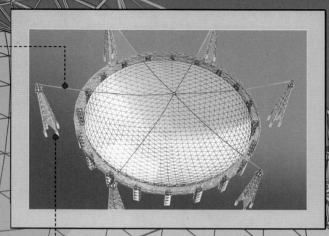

我的"眼珠"和你的一样灵活，可以**到处移动**，和反射面相互配合，自由地去焦点位置**接收信号**。

支撑塔

一共 6 座，既起到对主索的支撑作用，拉着馈源舱悬在我的上方，也起到通过主索控制馈源舱移动的作用。

馈源舱里有接收机，可以对收集到的射电信号进行调制、放大等一系列处理，最后转变成容易记录的形式。

观测与运行控制中心

科研人员在这里进行操作和研究。

能到达地球的**射电波**十分微弱，一旦被我的反射面接收到，我会先**集中反射**给馈源舱，经过处理后再**通过索系**传输给旁边的观测基地，科研人员会观测和研究这些讯息。

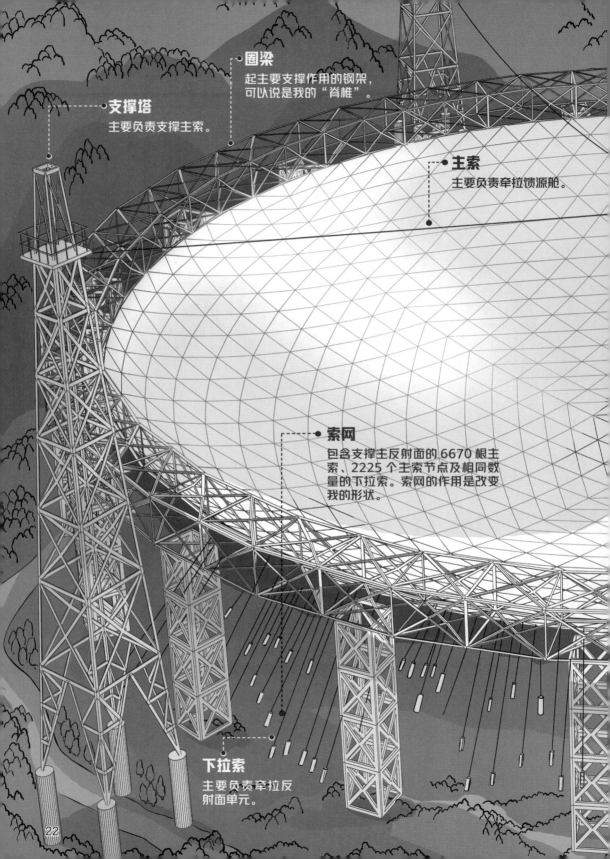

支撑塔
主要负责支撑主索。

圈梁
起主要支撑作用的钢架，可以说是我的"脊椎"。

主索
主要负责牵拉馈源舱。

索网
包含支撑主反射面的 6670 根主索、2225 个主索节点及相同数量的下拉索。索网的作用是改变我的形状。

下拉索
主要负责牵拉反射面单元。

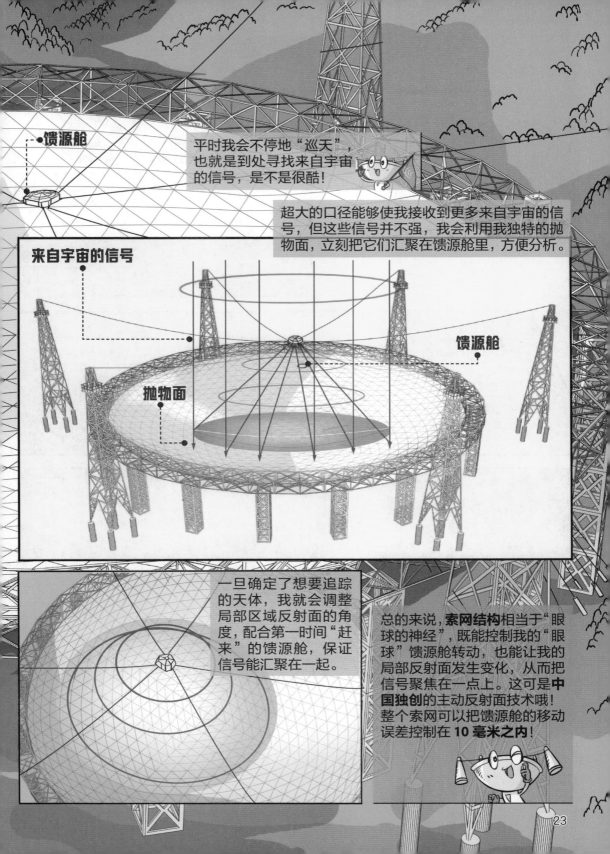

馈源舱

平时我会不停地"巡天"，也就是到处寻找来自宇宙的信号，是不是很酷！

超大的口径能够使我接收到更多来自宇宙的信号，但这些信号并不强，我会利用我独特的抛物面，立刻把它们汇聚在馈源舱里，方便分析。

来自宇宙的信号

馈源舱

抛物面

一旦确定了想要追踪的天体，我就会调整局部区域反射面的角度，配合第一时间"赶来"的馈源舱，保证信号能汇聚在一起。

总的来说，**索网结构**相当于"眼球的神经"，既能控制我的"眼球"馈源舱转动，也能让我的局部反射面发生变化，从而把信号聚焦在一点上。这可是**中国独创**的主动反射面技术哦！整个索网可以把馈源舱的移动误差控制在 **10 毫米之内**！

23

怎么样，有没有被我"吓到"？

等下，我收到射电波了！

原来是老朋友啊，它提醒我注意休息，不然容易做噩梦……真了解我！

你也想认识我的老朋友？

说起他呀……

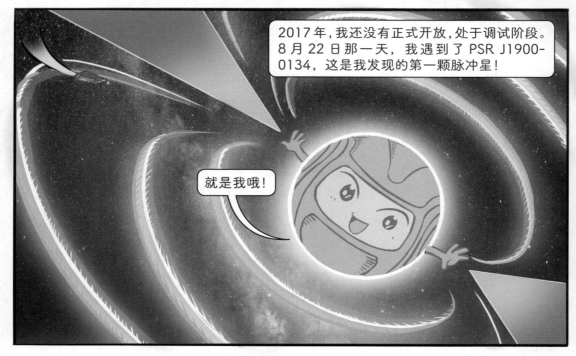

2017年，我还没有正式开放，处于调试阶段。8月22日那一天，我遇到了 PSR J1900-0134，这是我发现的第一颗脉冲星！

就是我哦！

我当然很乐意认识你，但认识我可不容易哦！

首先，你得搞清楚，我是什么。

路过的彗星

太阳（恒星）

月球（卫星）

地球（行星）

小行星带

宇宙中有很多天体，数量很多，种类也很多，以你生活的太阳系来说，就有恒星、行星、卫星、小行星、彗星……

说件你大概不知道的事吧！其实恒星和你们人类一样，是有"寿命"的。瞧瞧太阳，他现在正当壮年！

我的寿命大概是 100 亿年，现在我 50 亿岁，刚好度过了一半的生命。

现在我问问你，恒星在寿命结束之后会怎么样呢？会"死亡"吗？

▶ 恶补恒星知识

① 恒星，一种内部持续发生核反应的天体。

④ 小质量的类似于太阳的恒星，将先变成绚丽的行星状星云，之后慢慢冷却，最后成为一颗体积小、密度大的白矮星。

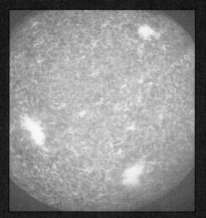

② 恒星的寿命就是它能持续进行核反应的时长。

⑤ 大质量恒星最终将以超新星爆炸的方式结束自己的一生，有的变成了密度非常高、体积却非常小的中子星。

③ 伴随着核反应的结束，恒星将迎来它的"死亡"……

⑥ 质量更大的恒星，最终爆炸并形成了密度极高、体积极小且引力极强的黑洞。

我的口径是 500 米，就意味着必须找一片至少 500 米直径的洼地，阿雷西博的"家"对我来说可有点小了。

洼地只是最基础的要求，实际上，考虑到我的"体重"、形状、使用寿命、适合的气候等一系列因素，对洼地的要求是很复杂的。

地质、水文、洼地的形状、地质灾害发生的种类、电波不受干扰……这些全都要考虑在内。如果把全部要求说给卖房的中介，我大概会被赶走吧……

其实，像我这样的大口径射电望远镜很少见，除了阿雷西博之外，值得一提的就是美国的绿岸射电望远镜了。

绿岸和我不一样，它的口径有100米，是世界上最大的全可动射电望远镜，你也看见了，它还是建在架子上的。

因为我的"家"是人造的，所以我可以移动！

像我和阿雷西博这样的超大口径，已经超出了人造架子的承受极限，只能找大洼地了。

听说了吗？阿雷西博受伤了，那家伙的馈源平台太重了，有1000多吨，掉下来砸坏了自己的反射面！

2020年，阿雷西博射电望远镜的馈源平台掉落。

我倒是没什么好担心的，建造我的专家一早就想到了这个问题……

所以我的馈源舱只有 30 吨重，轻便小巧。

不过，这也用事实说明了，超大口径望远镜的建造和维护之艰难，所以在全世界数量极少。

但是，人们的智慧是无穷的！只要全世界望远镜联合起来，把地球变成一座超级望远镜不再是梦！

2019 年，公布了人类拍摄的第一张黑洞照片，这就是 8 座望远镜联合起来拍摄的。

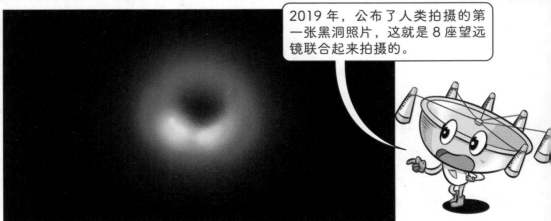

照片里的黑洞超级大，但是由于距离地球超级远，想看清它超级困难！就像是地球上的你想看清月球上的一个小水果！

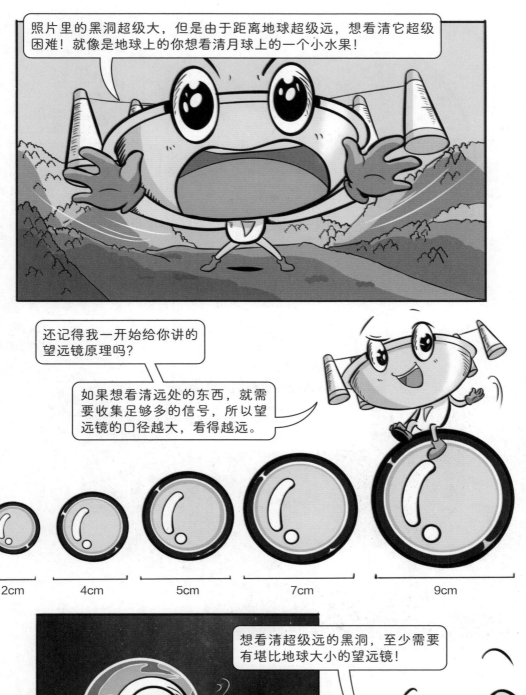

还记得我一开始给你讲的望远镜原理吗？

如果想看清远处的东西，就需要收集足够多的信号，所以望远镜的口径越大，看得越远。

| 2cm | 4cm | 5cm | 7cm | 9cm |

想看清超级远的黑洞，至少需要有堪比地球大小的望远镜！

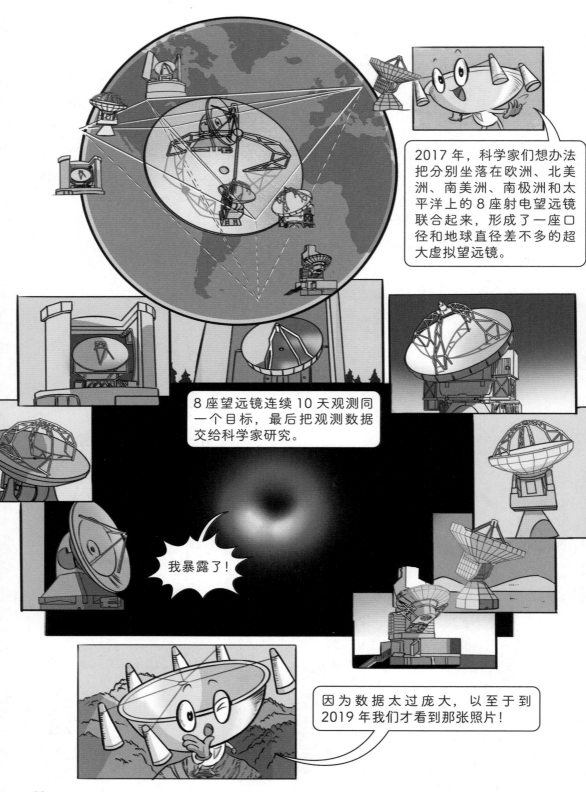

2017年，科学家们想办法把分别坐落在欧洲、北美洲、南美洲、南极洲和太平洋上的8座射电望远镜联合起来，形成了一座口径和地球直径差不多的超大虚拟望远镜。

8座望远镜连续10天观测同一个目标，最后把观测数据交给科学家研究。

我暴露了！

因为数据太过庞大，以至于到2019年我们才看到那张照片！

你说什么？问我有没有惊人的发现？

那可多了！

天眼成就表

首屈一指

2020 年 1 月，我观测到银河系内的快速射电暴，这是人类首次观测到银河系内快速射电暴！

交友广泛

截至 2023 年 7 月，我发现了超过 800 颗脉冲星，包括迄今为止所发现的最暗弱的脉冲星，是世界上发现脉冲星效率最高的设备。

勇于探索

2020 年 4 月，我正式启动外星文明探索！

虽然我没有参与拍摄黑洞，但我可取得了不少毫不逊色的成就！

除此之外，我还能帮助科学家探索暗物质。

什么是暗物质？这听起来确实不像你这个年纪的孩子会懂的知识……

宇宙里看起来很空荡，实际上是很"拥挤"的，里面充斥着人眼看不见但真实存在的物质，这就是暗物质。

暗物质非常神秘，尽管占据了整个宇宙物质总质量的 85%，但对人类来说，暗物质究竟是什么还是一个未解之谜。

而我探测到的信号能帮人们研究暗物质在星系中的分布，让人能"看见"暗物质！

我接收到的射电波还能帮助人类探索宇宙的起源和变化。

科学家认为，宇宙诞生于大约 138.2 亿年前，而我的探测范围达到了 137 亿光年，这意味着……

我能接收到某些星体在 137 亿年前发出的信号！

我已经跑了 137 亿年了……

探索宇宙起源，还有什么能比直接观测当年的信号更准确的呢？当然没有啦！

* 此处画面处理有艺术加工成分。

▶️ 询问外星人的话题

你还是对外星人的事更感兴趣？

真没办法，那我就给你讲讲关于外星人探索的事。

人们现在探索外星文明的方式主要有3种，最常见的就是接收外星生命发出的射电信号……这当然就是我的工作啦！

一旦接收到了比较特殊的射电信号，我就会打起十二分的精神，叫来专家好好分析！

但是到目前为止，我还没发现什么可疑的信号。

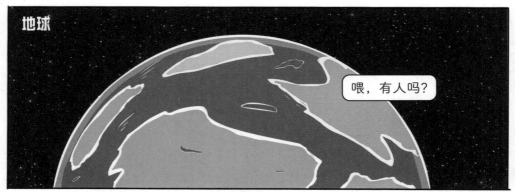

本星系群

室女超星系团

喂，有人吗？

宇宙

拉尼亚凯亚超星系团

怎么联系我？

虽然我就待在贵州的家里不会跑，但是很遗憾，你不能直接来见我。

我造价高昂，十分金贵，但又特别敏感，万一你来见我的时候不小心出了什么差错，可能给你和我都造成不小的伤害。

但是你可以通过网站联系我，让我帮你观测宇宙！就像我在前面说得那样！

当然了，在这之前你得做一些准备工作。

① 你要好好学习深入了解天文学。
要成为一名天文学家!

② 研究宇宙,有自己的研究方向。
想清楚有什么是需要我帮忙观测的!

③ 你要准备一台电脑和有网络的环境。
台式机或者笔记本都可以哦!

④ 登录我告诉你的网站。
就是下面这个

https://fast.bao.ac.cn/

⑤ 填写申请表,阐述需要用
到我的科学依据和理由。
马马虎虎是不行的!

最后,提交你的申请,
等我回复!

望远镜的发展史

1608 年
荷兰人**汉斯·李波尔**发明了望远镜。

世界上第一架望远镜

1609 年
意大利天文学家**伽利略**制成了**伽利略式折射望远镜**，并开始用它观测宇宙。

天文学进入望远镜时代

1611 年
德国天文学家**开普勒**发明了开普勒式折射望远镜。

1633 年
英国数学家**格雷戈里**设计了**反射式望远镜**。

1688 年
英国物理学家**牛顿**制成了**牛顿式反射望远镜**。

1824 年
德国光学家制成了**消色差折射望远镜**。

1845 年
英国人**威廉·帕森斯**制成了**口径 1.83 米**的大型反射式望远镜。

17 世纪

18 世纪

19 世纪

1789 年
英国天文学家**威廉·赫歇尔**制成了**口径为 1.22 米**的大型反射式望远镜。

1856 年
德国化学家**尤斯图斯·冯·利比希**发明了一种方法，在玻璃上涂一层薄银，大大提高了镜片反射光的效率，使制造更好、更大的反射式望远镜成为可能。

19 世纪末，人们掀起制造大口径折射望远镜的高潮。

1897 年
美国的 **A. G. 克拉克**成功研制出**口径为 1.01 米**的折射式望远镜。

迄今为止世界上最大的折射式望远镜。

1918 年

美国天文学家**海耳**主持建造的**口径为254 厘米的胡克望远镜**投入使用。

人们用这架望远镜第一次揭示了银河系的真实大小和地球的位置。

终于到我啦！

2016 年

"中国天眼"建成。

目前世界上最大的单天线射电望远镜。

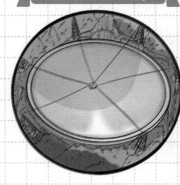

1931 年

德国光学家**施密特**发明了**施密特望远镜**，更适合拍摄大面积的天区照片。

1940 年

苏联光学家**马克苏托夫**发明了**马克苏托夫反射望远镜**。

20 世纪

21 世纪

1946 年

英国**曼彻斯特大学**制造了一架固定式抛物面射电望远镜，直径为 66.5 米。

1988 年

中国成功研制出**口径为 2.16 米**的望远镜。

1955 年

英国建成了**可转动的洛弗尔射电望远镜**，它的直径为 76 米。

当时世界上最大的可转动抛物面射电望远镜。

1976 年

苏联成功研制出**口径为 6 米**的望远镜。

一度是世界上最大的光学望远镜。

1962 年

赖尔发明了**综合孔径射电望远镜**，这种望远镜可以通过多个较小的射电望远镜组合，可实现大口径单天线望远镜的效果。

1963 年

美国阿雷西博望远镜建成。

当时世界上最大的单天线射电望远镜。

致读者的信

这位读者，你好呀！

在自我介绍之前，我想先问问：你是谁？请注意，我可不是在问你的名字，而是在问你的身份、你的角色……那么，你是谁？

我听说，孩童是想象力最旺盛的群体。不知道你有没有想过，如果你不是现在的你，你的生活会发生什么变化？想象一下，如果你能与"天眼"交朋友，或是能够进入"天宫"，或是即将与"蛟龙"一同开始深潜，你会有什么新奇的经历？一时想不出来也没关系，不如带上这些问题，和我在书里一起继续寻找答案吧。

走吧，跟我进入一个截然不同的新世界，展开一段妙趣横生的精神旅行吧！

你的神秘新朋友

2 地球之外的宫殿

"天宫"之梦

传说，神仙们都住在很高很远的天宫里……

奶奶，那是什么？

好亮啊！

那个呀，是现代"天宫"！

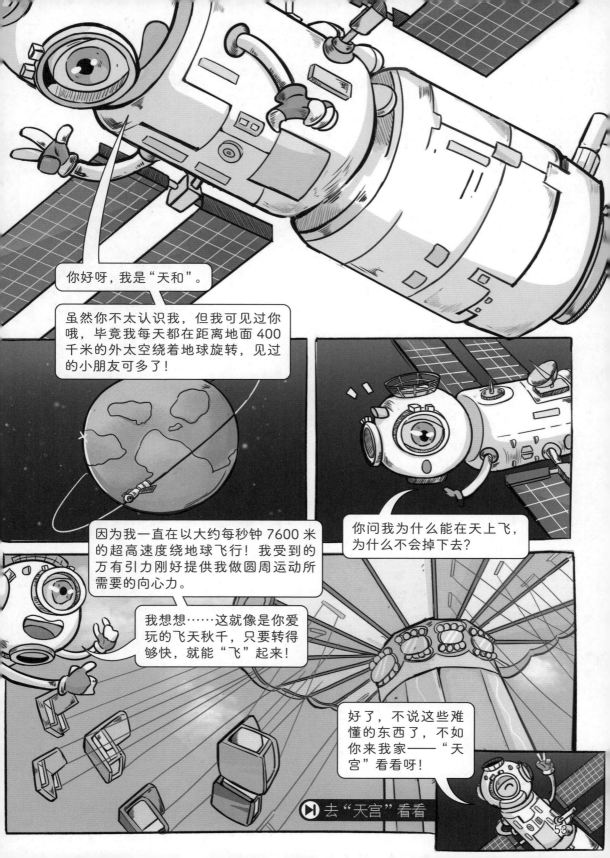

你好呀，我是"天和"。

虽然你不太认识我，但我可见过你哦，毕竟我每天都在距离地面 400 千米的外太空绕着地球旋转，见过的小朋友可多了！

因为我一直在以大约每秒钟 7600 米的超高速度绕地球飞行！我受到的万有引力刚好提供我做圆周运动所需要的向心力。

我想想……这就像是你爱玩的飞天秋千，只要转得够快，就能"飞"起来！

你问我为什么能在天上飞，为什么不会掉下去？

好了，不说这些难懂的东西了，不如你来我家——"天宫"看看呀！

去"天宫"看看

什么是中国空间站？

"天宫"是中国建设的**空间站**，可以作为**航天员在太空停留和工作的场所**，你可以理解为航天员在太空里的房子。

我们是"天和"的双胞胎妹妹，是为航天员准备的**实验室**！

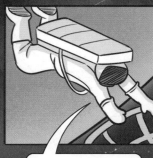

一座出门就能看到地球的房子！

我是"天和"的姐姐，负责运送航天员在地球和"天宫"之间来回，相当于航天员的**私家车**！

54

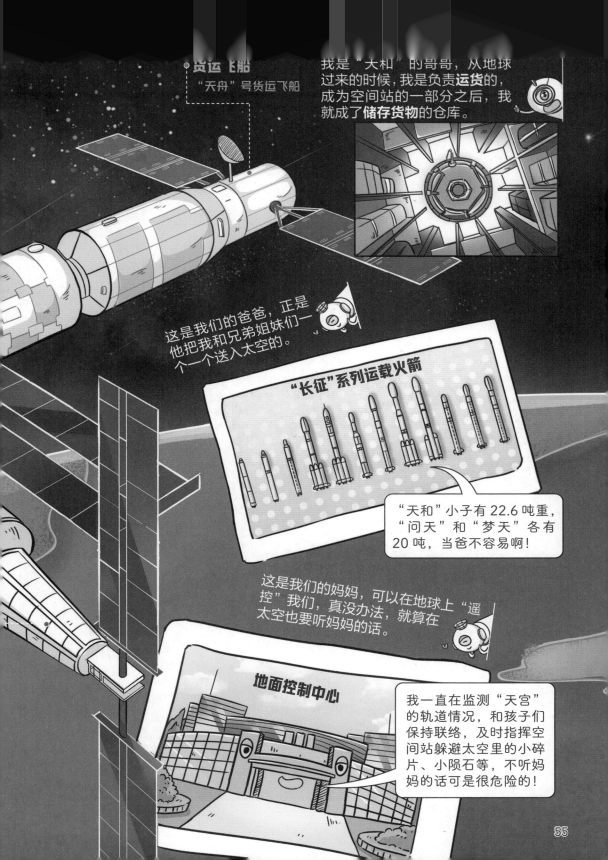

货运 飞船

"天舟"号货运飞船

我是"天和"的哥哥，从地球过来的时候，我是负责**运货**的，成为空间站的一部分之后，我就成了**储存货物**的仓库。

这是我们的爸爸，正是他把我和兄弟姐妹们一个一个送入太空的。

"长征"系列运载火箭

"天和"小子有 22.6 吨重，"问天"和"梦天"各有 20 吨，当爸不容易啊！

这是我们的妈妈，可以在地球上"遥控"我们，真没办法，就算在太空也要听妈妈的话。

地面控制中心

我一直在监测"天宫"的轨道情况，和孩子们保持联络，及时指挥空间站躲避太空里的小碎片、小陨石等，不听妈妈的话可是很危险的！

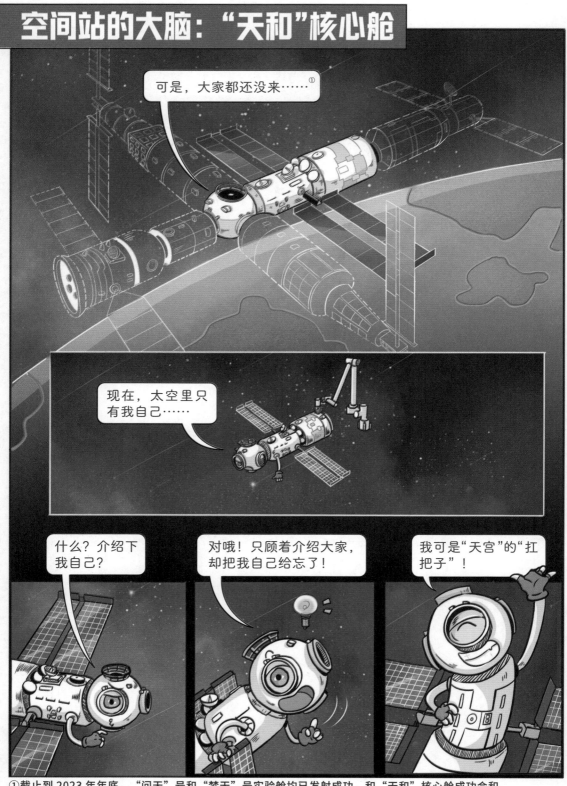

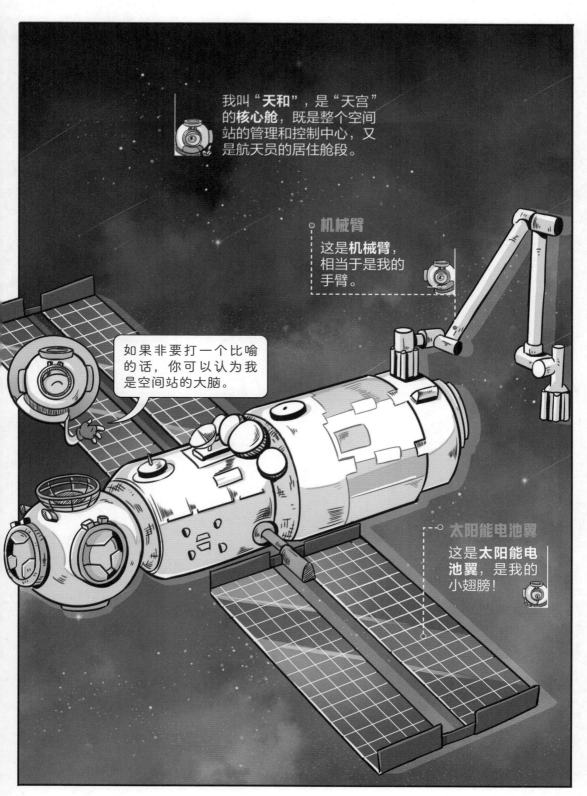

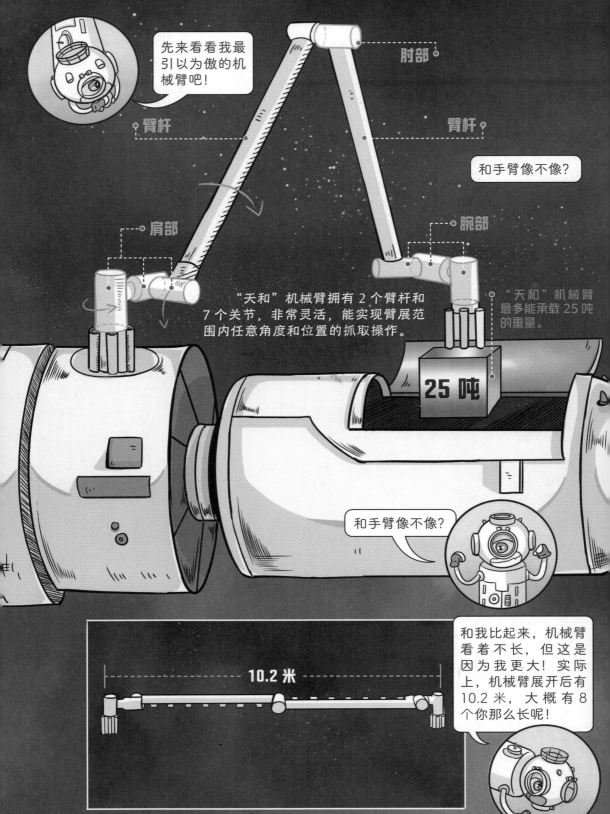

先来看看我最引以为傲的机械臂吧!

肘部

臂杆

臂杆

和手臂像不像?

肩部

腕部

"天和"机械臂拥有 2 个臂杆和 7 个关节,非常灵活,能实现臂展范围内任意角度和位置的抓取操作。

"天和"机械臂最多能承载 25 吨的重量。

25 吨

和手臂像不像?

10.2 米

和我比起来,机械臂看着不长,但这是因为我更大!实际上,机械臂展开后有 10.2 米,大概有 8 个你那么长呢!

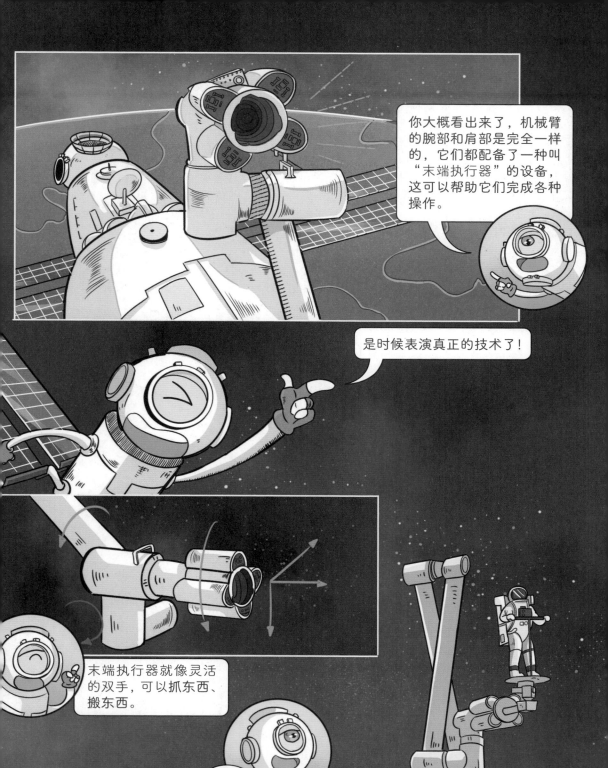

你大概看出来了，机械臂的腕部和肩部是完全一样的，它们都配备了一种叫"末端执行器"的设备，这可以帮助它们完成各种操作。

是时候表演真正的技术了！

末端执行器就像灵活的双手，可以抓东西、搬东西。

还可以辅助航天员出舱。

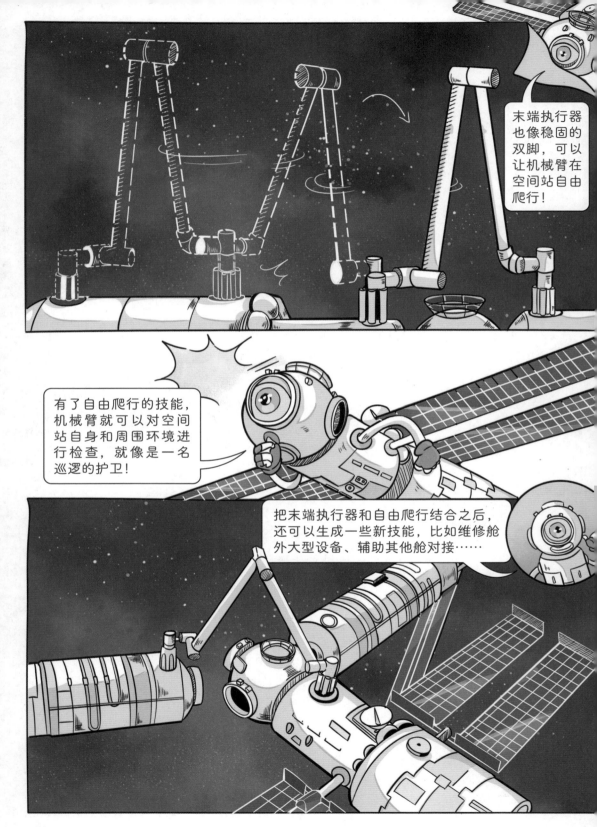

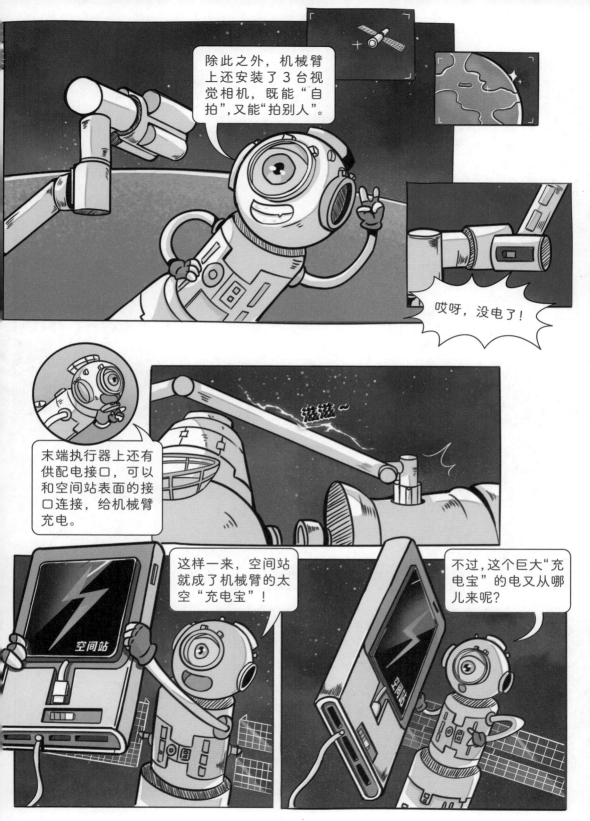

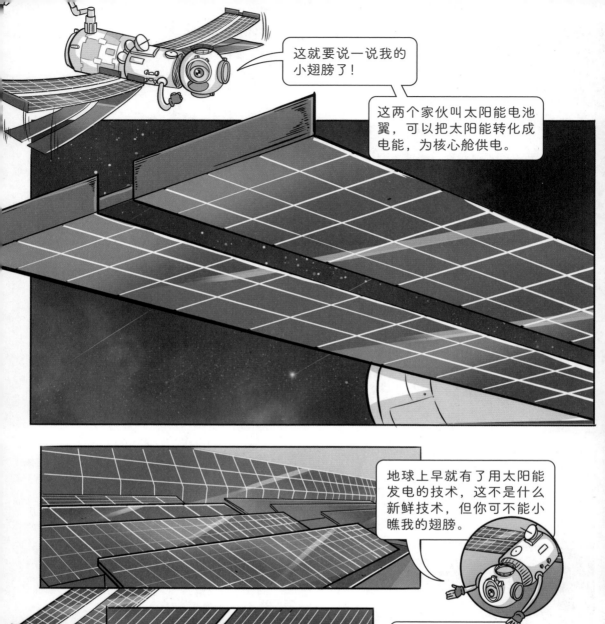

这就要说一说我的小翅膀了!

这两个家伙叫太阳能电池翼,可以把太阳能转化成电能,为核心舱供电。

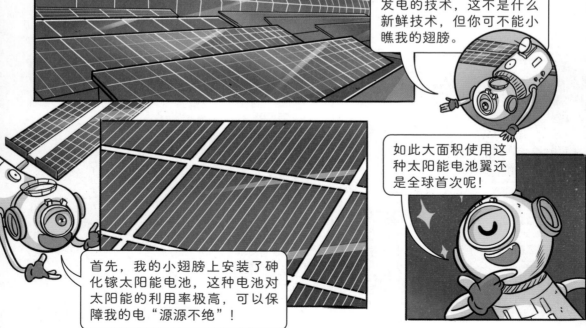

地球上早就有了用太阳能发电的技术,这不是什么新鲜技术,但你可不能小瞧我的翅膀。

如此大面积使用这种太阳能电池翼还是全球首次呢!

首先,我的小翅膀上安装了砷化镓太阳能电池,这种电池对太阳能的利用率极高,可以保障我的电"源源不绝"!

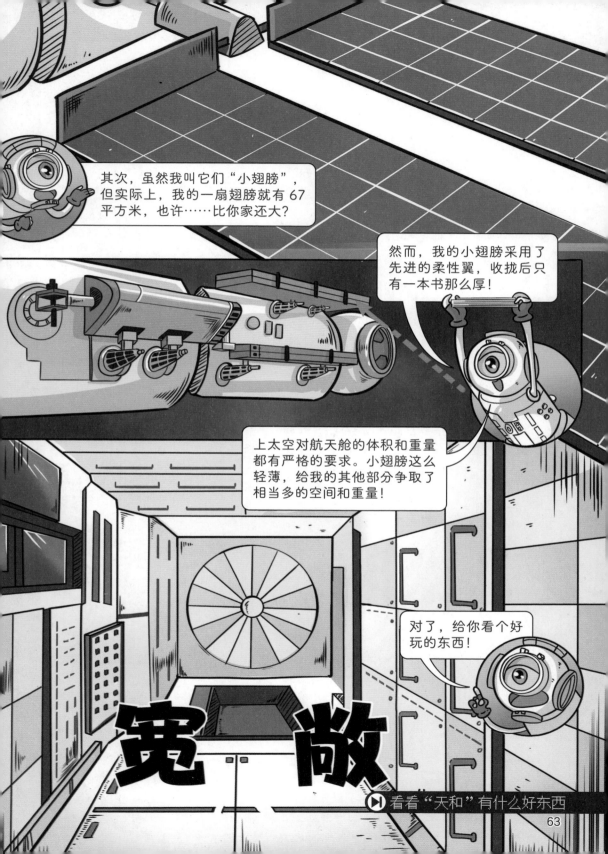

其次，虽然我叫它们"小翅膀"，但实际上，我的一扇翅膀就有 67 平方米，也许……比你家还大？

然而，我的小翅膀采用了先进的柔性翼，收拢后只有一本书那么厚！

上太空对航天舱的体积和重量都有严格的要求。小翅膀这么轻薄，给我的其他部分争取了相当多的空间和重量！

对了，给你看个好玩的东西！

宽敞

看看"天和"有什么好东西

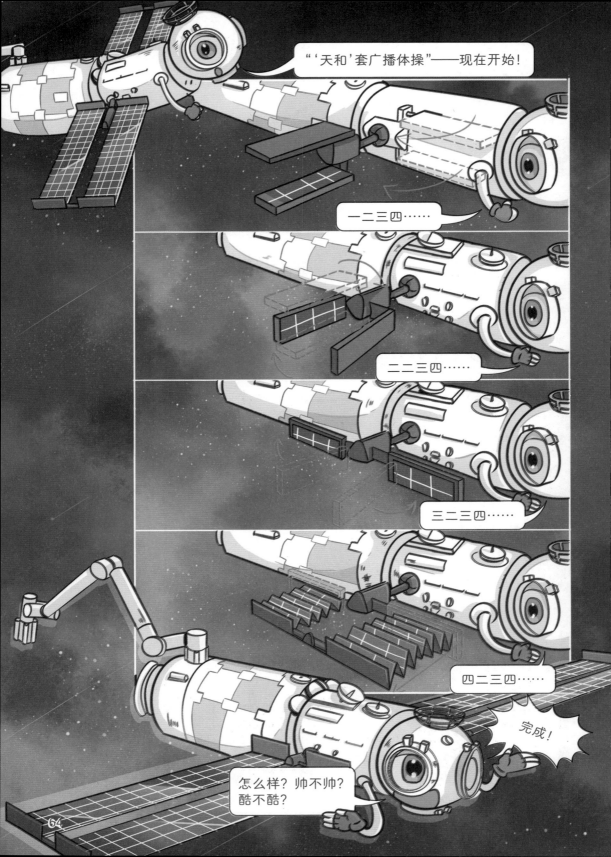

所以，我会好好保养我的小翅膀……

"天和"！

谁叫我？

"天和"！

"天和"！

是姐姐！"神舟"！

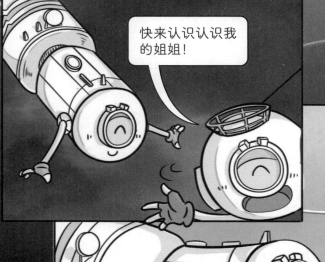

快来认识认识我的姐姐！

姐姐，快给我们分享一下你的旅程，我对面这个新朋友可期待着呢！

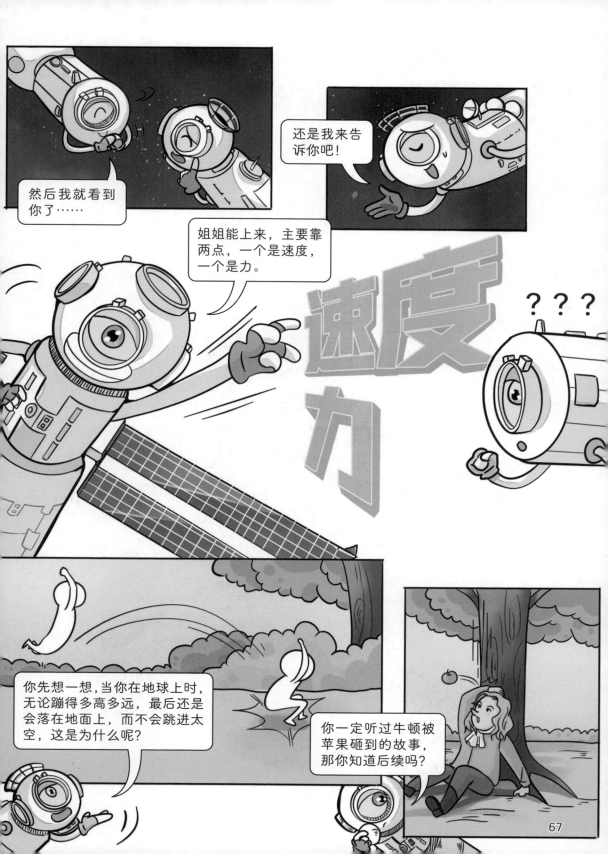

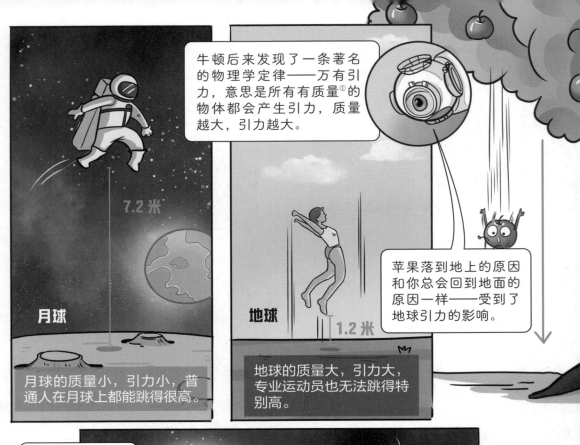

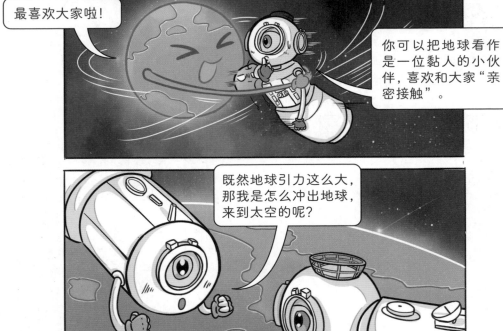

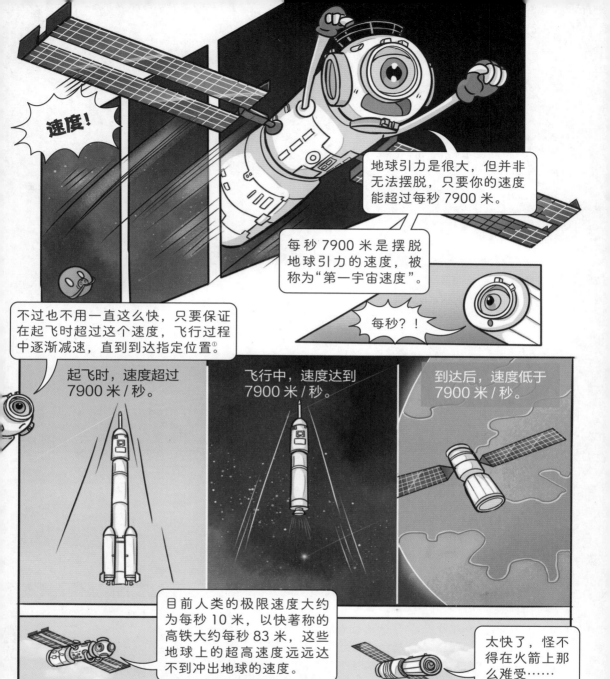

速度!

地球引力是很大，但并非无法摆脱，只要你的速度能超过每秒 7900 米。

每秒 7900 米是摆脱地球引力的速度，被称为"第一宇宙速度"。

每秒？！

不过也不用一直这么快，只要保证在起飞时超过这个速度，飞行过程中逐渐减速，直到到达指定位置①。

起飞时，速度超过 7900 米 / 秒。

飞行中，速度达到 7900 米 / 秒。

到达后，速度低于 7900 米 / 秒。

目前人类的极限速度大约为每秒 10 米，以快著称的高铁大约每秒 83 米，这些地球上的超高速度远远达不到冲出地球的速度。

太快了，怪不得在火箭上那么难受……

①到达指定高度后，绕地运行的卫星不需要达到第一宇宙速度，"天宫"空间站离地面大约 400 千米，运行速度大约每秒 7600 米，小于第一宇宙速度。

要达到每秒 7900 米的速度很不容易，我们需要"借力打力"！

火箭发射之前，都要先点火、燃烧，使发动机运转起来，这就是姐姐听到的"轰隆隆"的声音。

轰隆隆！

火箭里的燃料燃烧后会产生许多气体，这些气体以超快的速度从火箭"尾巴"里向下喷出，这就给了火箭一个巨大的向上推力，直接把火箭"推了出去"。

这些力看不见摸不着，但它们真实存在于生活中。如果你在溜冰场推一下伙伴，自己也会被"反推"到对面。

推开

你推我的同时会被我推，这就叫作用力和反作用力。

"天和"这家伙……

咚咚咚

别聊了！

什么声音？

对了！我是载人飞船，我带人上来了！

我们快对接吧！先把航天员安置好！

太好了，还有新朋友！

终于想起我们了……

71

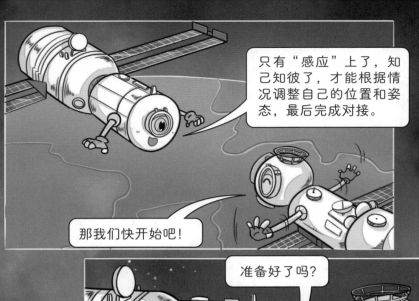

节点舱
空间站的"交通枢纽"，
航天员出舱、飞行器对
接都要在这里进行

小柱段
航天员的生活居住区

出舱口
航天员从这里
出舱

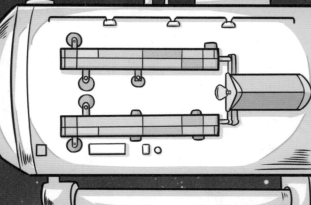

停泊口
供飞行器临时
停泊

机械臂
机械臂不工作的时候待在这里

对接口
在这里和其他飞行器对接

哇——

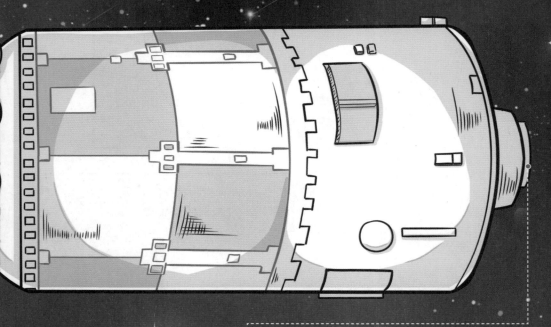

大柱段
航天员的工作区

对接口
这里还有一个对接口

核心舱地图

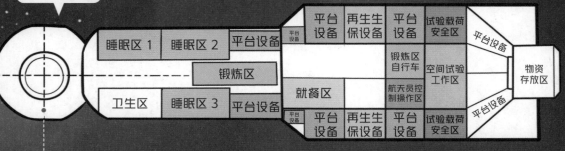

		平台设备	再生生保设备	平台设备	试验载荷安全区	
睡眠区 1	睡眠区 2	平台设备	平台设备			平台设备
	锻炼区			锻炼区自行车	空间试验工作区	
		就餐区		航天员控制操作区		物资存放区
卫生区	睡眠区 3	平台设备				平台设备
		平台设备	再生生保设备	平台设备	试验载荷安全区	

舱段中转节点舱工作区

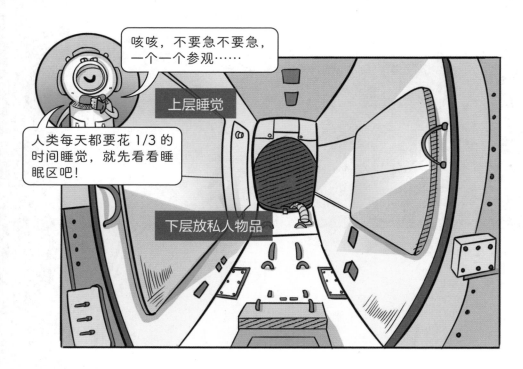

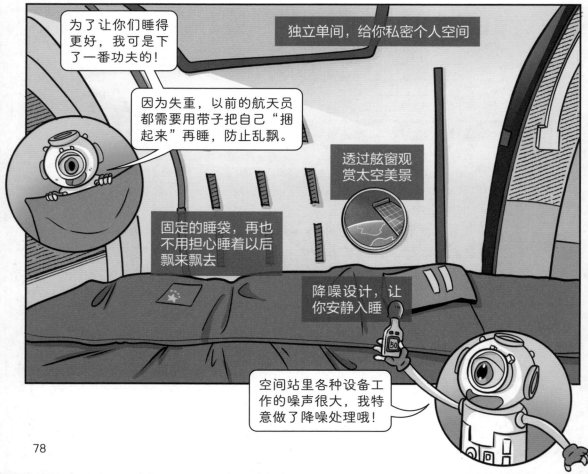

嗝……好饱。

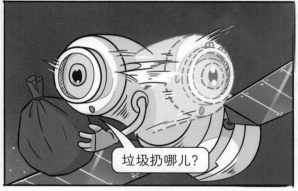

垃圾扔哪儿?

垃圾给我!

我不仅是货运飞船,还负责储存航天员的生活垃圾。

在哪儿都不能乱扔垃圾哦!

吃饱喝足了!

垃圾也收拾好了!

该出舱干活了!

① 太空里没有空气，人无法呼吸！

② 太空的平均温度是 −270℃，人类无法适应！

③ 太空里有各种辐射，会影响人体健康！

流星雨是地外碎片冲进大气层产生的燃烧和发光现象。由于空间站运行在大气层以外，因此完全不会受到天气和大气层透明度的影响，空间站上的航天员能够看到最清晰、绚烂的流星雨。

看！流星雨！

从太空看，流星雨原来是这样的……

和我以前在地球上看的流星雨完全不同！

分别的日子

你们这就要走了吗？

姐姐要把航天员们安全送回地球，他们已经离开家太久了。

我得把所有的垃圾带走，一起在地球的大气层烧掉，这些东西不能留在太空里。

姐姐，把我这位朋友也带回地球吧，他也来好久了。

交给我吧！

别着急，在返回地球之前，你得先对接下来的旅程有点儿把握！

先来好好认识一下我吧！

返回舱
驾驶控制舱,是我的"核心"和"大脑",我的姿态调整、运行轨迹等等都由这里控制。

推进舱
这里有燃料和太阳能电池翼,是我的动力来源。

对接口
我就是用这里和弟弟"天和"对接的。

轨道舱
我独自飞行的时候,航天员在这里工作和生活。

返回舱也是航天员返回地球乘坐的舱段。

我也有小翅膀哦!

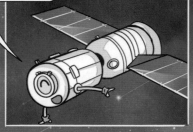

认识得差不多了,我们出发吧!

回家的第一步是和弟弟分开。

轨道舱　返回舱　推进舱

接下来，轨道舱会脱离，我会离开运转轨道。对于航天器来说，运转轨道就是每天"走的路"。

"走了"半年的"路"，再见了！

轨道舱和推进舱会在大气层中燃烧。

外太空

140 千米

到这里，推进舱的使命也完成了，而我们继续降落。

"天舟"货运飞船和垃圾一起在大气层中燃烧。

大气层

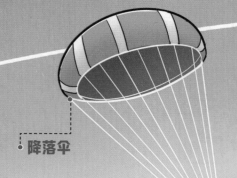

大家别怕，航天器进入大气层后都会因为和大气层摩擦而起火，但我的表面有防热装甲，不会伤到大家！

100 千米

降落伞

高空

我们已经成功穿越了大气层……接下来……打开降落伞……

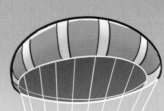

我们回来了！

伤痕累累的返回舱

地面

对了，你刚说的什么妹妹？

她们均已成功发射，去和"天和"相聚啦！

这两位妹妹不仅能让之后的航天员在太空生活得更舒服，还能开展各种实验，可能会在人类健康、能源开发等方面取得成就呢！

如何上"天宫"？

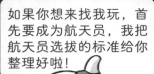

如果你想来找我玩，首先要成为航天员，我把航天员选拔的标准给你整理好啦！

航天员选拔标准·基础篇

- 身高 ▶ 1.6~1.72 米
- 体重 ▶ 55~70 千克
- 年龄 ▶ 25~35 岁
- 飞行时间 ▶ ≥ 600 小时

进入太空后的环境和地球非常不同，面对严苛的太空环境，航天员还必须有一副健康的身体。

航天员选拔标准·健康篇

- 身体表面 ▶ 畸形、外伤、其他后遗症
- 常见疾病 ▶ 骨折、皮炎、色弱、眩晕、鼻炎、龋齿等
- 不良习惯 ▶ 抽烟、喝酒
- 其他疾病 ▶ 慢性病、精神病、家族遗传病史、近视

患有以上任意一条，均不合格

如果你满足上面的所有要求，那就要好好考虑一下自己要做哪种航天员了！

航天员 ▶
- 飞行专家 → 从空军飞行员中选拔，主要负责载人航天器的运行。
- 任务专家 → 航天飞行工程师，负责空间站的建造和维护，包括太空外的组装维修、操作机械臂等。
- 载荷专家 → 科研单位的专家，负责利用空间站的特殊环境进行科学研究。

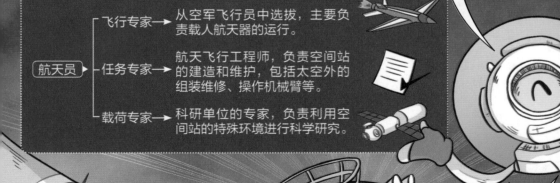

快来"天宫"找我玩吧！

1956 年

1956 年 2 月，钱学森向中央提出《建立我国国防航空工业的意见》。

中国航天史的起点

1970 年

1970 年 4 月 24 日，第一颗人造地球卫星"东方红一号"发射升空。

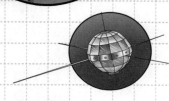

1971 年

1971 年 3 月 3 日，第一颗科学探测与技术试验卫星"实践一号"发射升空。

1988 年

1988 年 9 月 7 日，第一代准极地太阳同步轨道气象卫星"风云一号"（共 4 颗）的第一颗 FY-1A 卫星发射升空。

1990 年

1990 年 4 月 7 日，"长征三号"运载火箭把美国制造的"亚洲一号"通信卫星送入预定轨道。

首次取得为国外用户发射卫星的成功

2003 年

2003 年 10 月 15 日，"神舟五号"飞船载着宇航员杨利伟成功发射升空。

2003 年 10 月 16 日，"神舟五号"飞船返回舱成功着陆。

2011 年

2011 年 9 月 29 日，太空实验舱"天宫一号"发射升空。

2013 年

2013 年 12 月 14 日，"嫦娥三号"携带"玉兔"号月球车在月球软着陆成功。

继苏联和美国之后，中国成为世界上第三个有能力独立进行载人航天的国家

中国航天史 2

1976 年以来首个在月球表面
软着陆的人类探测器

2015 年

2015 年 12 月 17 日，暗物质粒子探测卫星"悟空"发射升空。

中国第一个空间望远镜

2016 年

2016 年 8 月 16 日，"墨子号"量子科学实验卫星发射升空。

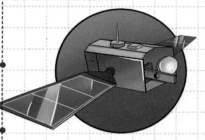

全球第一颗设计用于进行
量子科学实验的卫星

2017 年

2017 年 6 月 15 日，中国第一颗 X 射线天文卫星"慧眼"发射升空。

2019 年

2019 年 1 月 3 日，"嫦娥四号"探测器在月球背面成功软着陆。

人类历史上第一个成功在
月球背面软着陆的探测器

2020 年

2020 年 12 月 17 日，"嫦娥五号"返回器带着 2 千克月壤成功着陆。

中国首次完成月球采样

就是我哦！

2021 年

2021 年 4 月 29 日，"天宫"空间站的"天和"核心舱发射成功。

中国第一个空间站

2022 年

2022 年 7 月 25 日，"问天"实验舱与"天和"核心舱完成交会对接。同年 11 月 1 日，"梦天"实验舱也与空间站组合体完成交会对接。

3

潜入深海的
探险

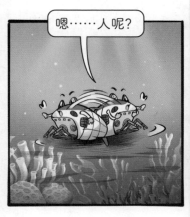

嗯……人呢？

哈哈，找到了！你就是我要找的新手潜航员吧？

在正式执行任务之前，请你先思考一下：人类反正也不在水中生活，到底为什么要发展潜水事业呢？

嘻嘻，你不知道吧？让我来告诉你，潜水其实是为海洋科学服务的。

海洋科学

不瞒你说，以前都是资深潜航员带领我出海的！他们都要经过至少四年的学习，才能独立执行任务呢！

为了祖国的潜水事业，我们一定要团结一致、万众一心、步调一致……

咔

不好意思啊，这孩子从小就嘴碎……

吓我一跳！妈！我还没说完呢！

悄悄告诉你，这次的任务可是一个美差，跟着我，你可以看到无数新奇的东西！

咳咳，刚才发生的事情和任务无关，希望你不要放在心上……

海平面下 200~1000 米的区域叫作"中层带"，由于可见光无法穿透水下 200 米，这里不会再有利用光合作用发光的浮游植物，很多鱼开始自己点灯，它们身体上有发光器官。

海平面下 1000~4000 米的区域叫作"半深海带"。由于这里缺乏光线，大部分生物的眼睛都退化了。

0m

200m

1000m

3000m

从海平面到海面以下 200 米的区域，叫作"透光带"，顾名思义，就是阳光可以透过来的地带。不过，阳光可照不到这么深的地方，即便在非常干净的海域中，阳光最多也只能照到 50 米深处。

透光带是各类生物密度最高的水层，你日常生活中吃到的大部分鱼类都生活在这个区域！

除了各种鱼，海藻、海星等很多生物也生活在这里！

因为平时大家"不见面"，所以长相都有点随意……

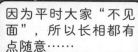

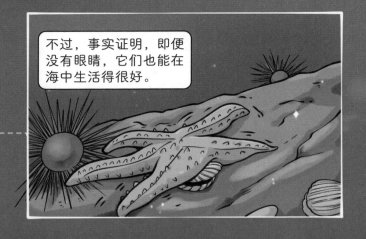

不过，事实证明，即便没有眼睛，它们也能在海中生活得很好。

海平面下 4000~6000 米的区域，叫作"深海带"，这里四处静悄悄，我们也要慢点走，不要吵醒大家！

距海平面 6000 米以下的区域，叫作"超深渊带"，是海洋中的最深处。由于海洋火山喷发出许多高温液体，这里的生物种类很少，也更加"其貌不扬"。

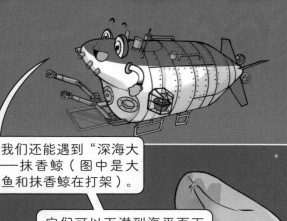

在这里，我们还能遇到"深海大块头"——抹香鲸（图中是大王酸浆鱿鱼和抹香鲸在打架）。

它们可以下潜到海平面下约3000米的区域。不过，以后"潜水能手"这个称号可就要归我啦！

抹香鲸

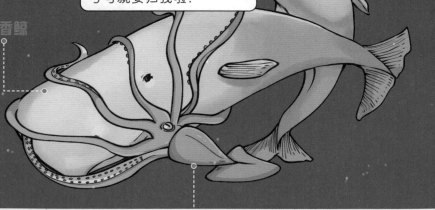

大王酸浆鱿鱼

到了！这就是我们的任务地点，神秘的地球"第四极"！

来到地球"第四极"

什么？你不知道地球"第四极"？

唉，我说什么来着，新手就是新手，还得看我的吧！

南极和北极是地球上最寒冷的地方，青藏高原是地球上最高的地方……

南极

北极

青藏高原

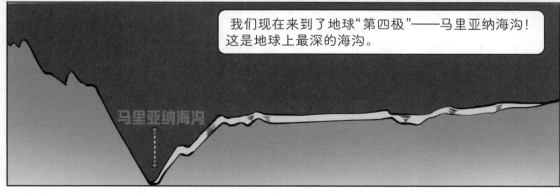

我们现在来到了地球"第四极"——马里亚纳海沟！这是地球上最深的海沟。

马里亚纳海沟

什么什么？你问这里有什么了不起的？

我看你真是"初生牛犊不怕虎"啊，看来我得好好给你上一课了！

在陆地上，一头成年非洲象的体重是 4~5 吨。

可是，在平均深度为 7000 米的马里亚纳海沟，一块面积为 1 平方米的钢板所承受的压力相当于 1500 头非洲象同时摞在一起的重量，即便是坚固的钢板也会被压成薄片！

吱嘎——

征服"第四极"的"法宝"

为了适应这样恶劣的环境，在科学家们的努力下，玉树临风、英俊潇洒、身强体壮、学识渊博的我就诞生啦！

别看我的身体还没有一间教室大，也装不下许多货物，但是，科学家们给了我两件应对深海高压的"法宝"，有了它们，我才能在马里亚纳海沟中畅行无阻！

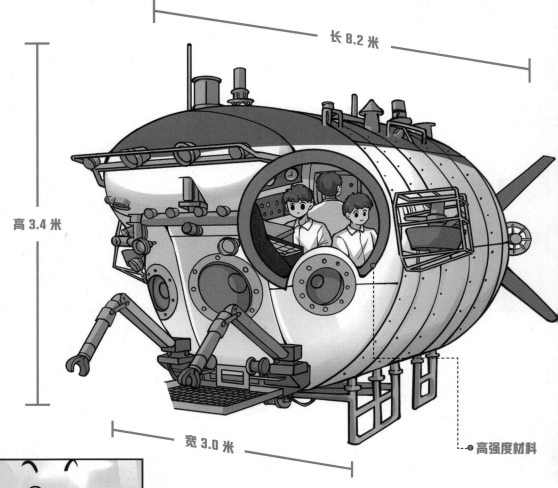

长 8.2 米

高 3.4 米

宽 3.0 米

高强度材料

我身上的第一件法宝就是用"高强度材料"制成的铠甲。

"蛟龙"号在空气中的质量不超过 22 吨，可以在装载 220 千克的实验用品的同时，搭载一名潜航员、两名科学家。

纸飞机很容易就会散架，沙子堆出的城堡一下就会被浪花吞没。因此，纸和沙子就是"低强度材料"。

用钛合金材料制成的飞机外壳可以冲破风雨、冰雹，到达世界的每个角落；用混凝土建造的房子，连8级地震都不怕。因此，钛合金和混凝土就是高强度材料。

这是能抗8级地震的房子。

不过，混凝土虽然坚固，跟钛合金比起来还是"小巫见大巫"啦。

所以，用钛合金做我的铠甲最合适啦！

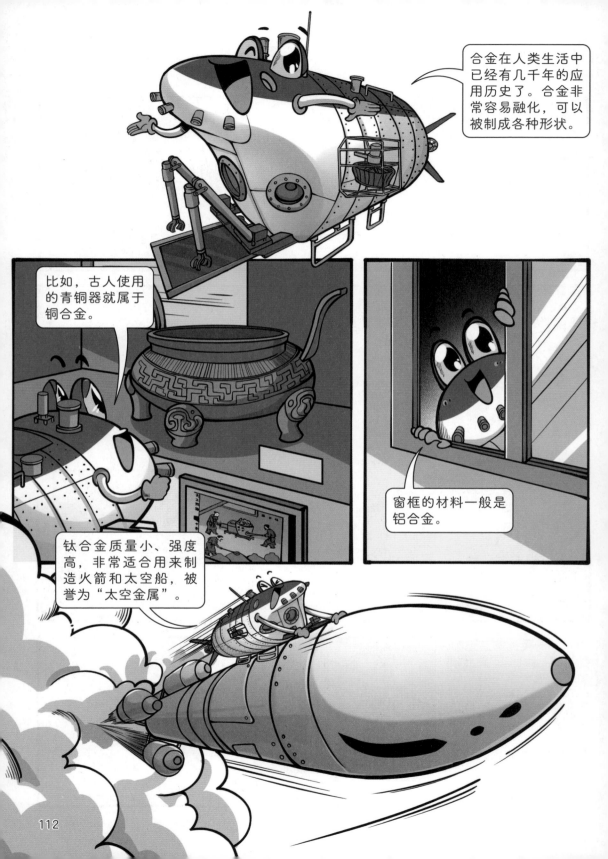

合金在人类生活中已经有几千年的应用历史了。合金非常容易融化，可以被制成各种形状。

比如，古人使用的青铜器就属于铜合金。

窗框的材料一般是铝合金。

钛合金质量小、强度高，非常适合用来制造火箭和太空船，被誉为"太空金属"。

有了钛合金铠甲，我才能承受住海水的压力，保护潜航员！

我身上的第二件法宝就是"球形载人舱"。

你们有没有想过，为什么鸟蛋都是球形的？

别逗了，这跟好吃可没什么关系！

试验证明，球形的物体抗压能力最强。如果鸟蛋不小心从树上掉下来，弧形的球面可以最大限度地降低它破损的概率，提高小鸟的存活率。

啊？海底处处都是宝，你怎么能说啥也看不见呢？

哦对，我忘了开强光灯了……

咳咳，俗话说"人有失手，马有失蹄"嘛，不要在意，不要在意……

怎么样？这下看清楚了吧！

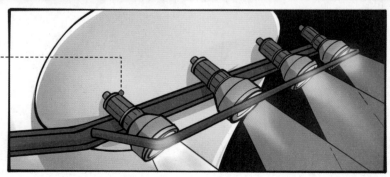

这是我的高强度护光灯，可以照到20米远的地方，让它们为我们照明，海底的每一处风景都不会错过！

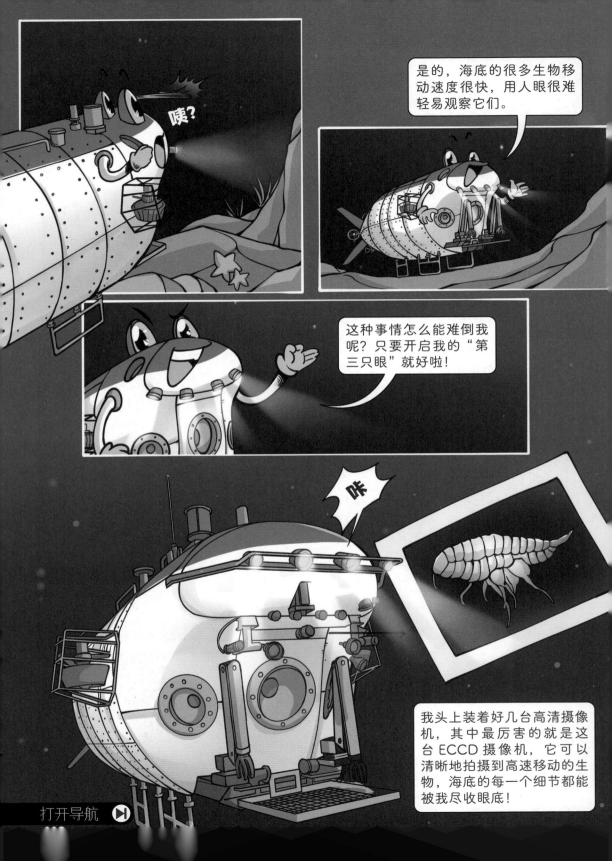

咦，你在看啥？给我瞅瞅。

导航？跟着我出来，还需要导航？

没错，一般来说，如果没有定位导航，可能会迷路，但是跟着我就不一样了，我可有不迷路的秘诀！

在每次执行任务之前，我的妈妈——母船"向阳红09"号都会为我规划好前进方向，所以，无论周围的环境多么阴暗、多么复杂，我都不怕。

哎哟！不用那么紧张！我看到山头了，我撞不上！

你怎么就不相信我呢！你看！

我身上安装了很多声呐、测速仪等声学系统仪器。在它们的帮助下，无论海底世界的路途多么崎岖坎坷，对我来说都是一马平川的！

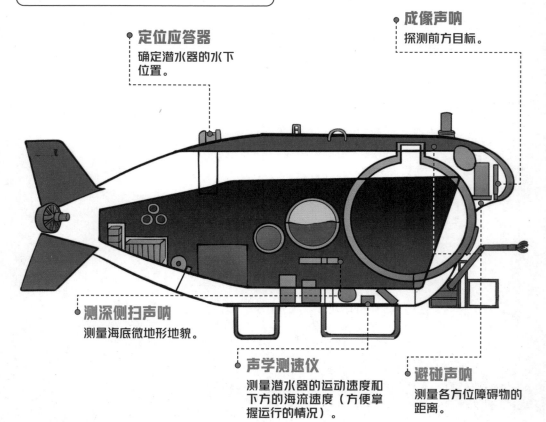

定位应答器
确定潜水器的水下位置。

成像声呐
探测前方目标。

测深侧扫声呐
测量海底微地形地貌。

声学测速仪
测量潜水器的运动速度和下方的海流速度（方便掌握运行的情况）。

避碰声呐
测量各方位障碍物的距离。

哎哎哎，可不许乱摸，碰坏了可就完蛋了。要知道，在海底如果没有声呐，可就寸步难行啦。

在水中，光线很难传播到远处……

但是，声波在水中却可以传播得很远。用声呐向海水中发射超声波，然后接收它产生的反射波，这样就可以判断周围的环境了。

这里有岩石，离远点！

这边可以继续走！

离海底太近啦！高一点！再高一点！

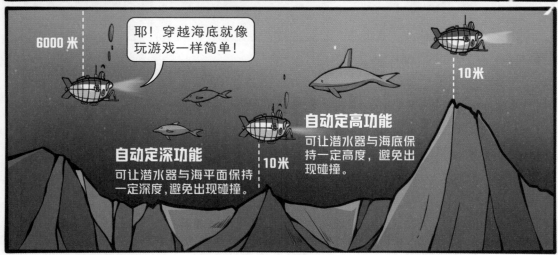

耶！穿越海底就像玩游戏一样简单！

6000 米

10 米

10 米

自动定深功能
可让潜水器与海平面保持一定深度，避免出现碰撞。

自动定高功能
可让潜水器与海底保持一定高度，避免出现碰撞。

哇！快看那是什么？

它的名字叫作"马里亚纳狮子鱼"（后文简称狮子鱼），别看它一点也不像狮子，但可比狮子厉害多了！嘘，悄悄的，不要吵醒它！

为了适应深海中巨大的水压，它的骨骼变得非常薄，而且容易弯曲，肌肉组织也变得特别柔韧。

而且，狮子鱼的皮肤组织是由一层非常薄的膜构成的，外面的水很容易渗进去，这样一来，它体内的生理组织充满水分，就可以保持体内外压力的平衡了。

马里亚纳狮子鱼

也就是说，这种鱼把自己尽可能伪装成一团海水，这样就可以在深渊中活下去了。

记录狮子鱼的特点 **⑪**

不用了，不用了，狮子鱼的资料我们已经掌握得很全面了，所以不用记录啦。

姓名：狮子鱼
年龄：未知
食物来源：上层生物有机体的沉降（简单地说，就是吃上层生物的尸体）。

我听妈妈说，之前科学家们已经在海底布放了深海着陆器生物诱捕系统，我们已经邀请过很多狮子鱼到实验室协助研究了，所以这一次就不用打扰狮子鱼朋友们啦！

只要人类永远不停下探索的脚步，相信我们还能认识更多神秘的海洋生物朋友！

海洋生物大族谱

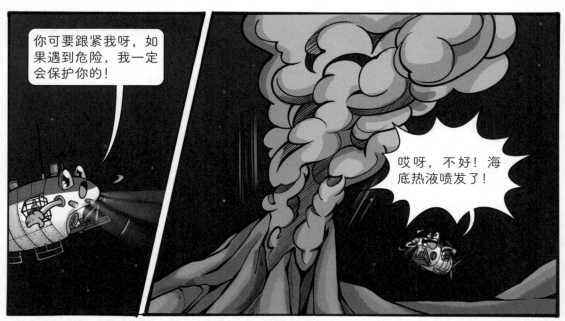

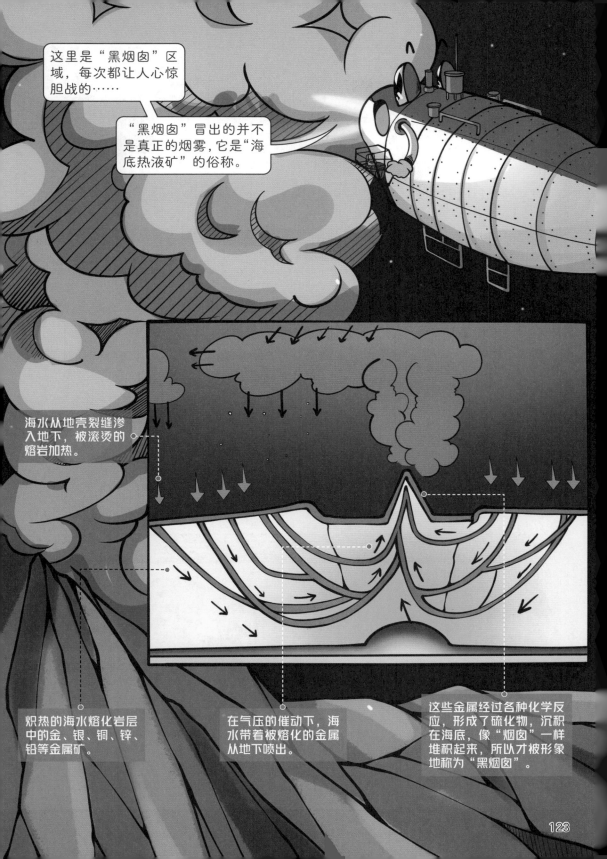

这里是"黑烟囱"区域，每次都让人心惊胆战的……

"黑烟囱"冒出的并不是真正的烟雾，它是"海底热液矿"的俗称。

海水从地壳裂缝渗入地下，被滚烫的熔岩加热。

炽热的海水熔化岩层中的金、银、铜、锌、铅等金属矿。

在气压的催动下，海水带着被熔化的金属从地下喷出。

这些金属经过各种化学反应，形成了硫化物，沉积在海底，像"烟囱"一样堆积起来，所以才被形象地称为"黑烟囱"。

123

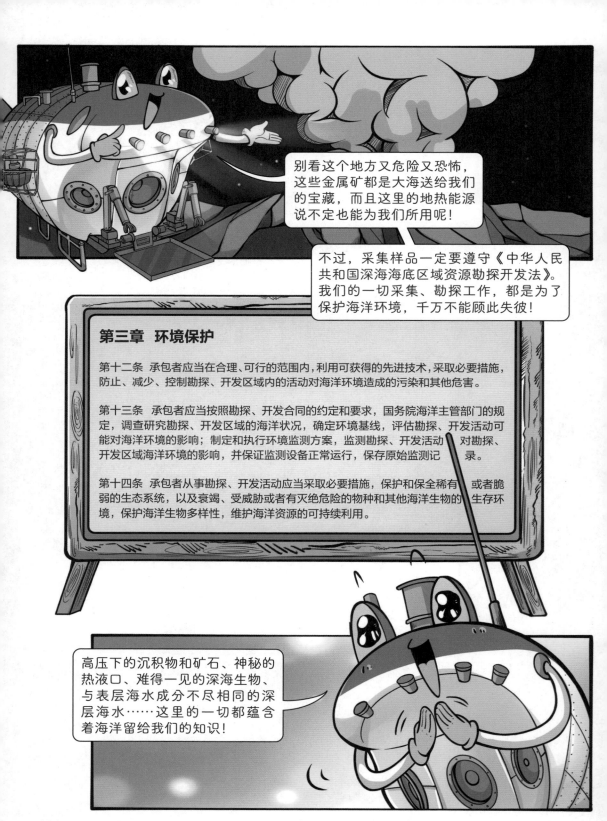

别看这个地方又危险又恐怖，这些金属矿都是大海送给我们的宝藏，而且这里的地热能源说不定也能为我们所用呢！

不过，采集样品一定要遵守《中华人民共和国深海海底区域资源勘探开发法》。我们的一切采集、勘探工作，都是为了保护海洋环境，千万不能顾此失彼！

第三章 环境保护

第十二条 承包者应当在合理、可行的范围内，利用可获得的先进技术，采取必要措施，防止、减少、控制勘探、开发区域内的活动对海洋环境造成的污染和其他危害。

第十三条 承包者应当按照勘探、开发合同的约定和要求，国务院海洋主管部门的规定，调查研究勘探、开发区域的海洋状况，确定环境基线，评估勘探、开发活动可能对海洋环境的影响；制定和执行环境监测方案，监测勘探、开发活动对勘探、开发区域海洋环境的影响，并保证监测设备正常运行，保存原始监测记录。

第十四条 承包者从事勘探、开发活动应当采取必要措施，保护和保全稀有或者脆弱的生态系统，以及衰竭、受威胁或者有灭绝危险的物种和其他海洋生物的生存环境，保护海洋生物多样性，维护海洋资源的可持续利用。

高压下的沉积物和矿石、神秘的热液口、难得一见的深海生物、与表层海水成分不尽相同的深层海水……这里的一切都蕴含着海洋留给我们的知识！

第三个任务：收集海底的"宝藏"

别看这两条机械手臂又粗又壮，它们的动作精确度可以达到厘米级别，就连深海里最好动的蜘蛛蟹都能抓起来！

采集样品可是精细活，这个立功的机会让给你了！来吧，你来试试看！

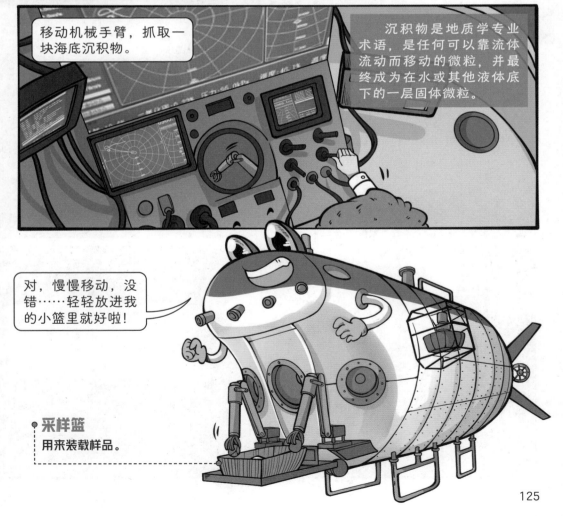

移动机械手臂，抓取一块海底沉积物。

沉积物是地质学专业术语，是任何可以靠流体流动而移动的微粒，并最终成为在水或其他液体底下的一层固体微粒。

对，慢慢移动，没错……轻轻放进我的小篮里就好啦！

● 采样篮
用来装载样品。

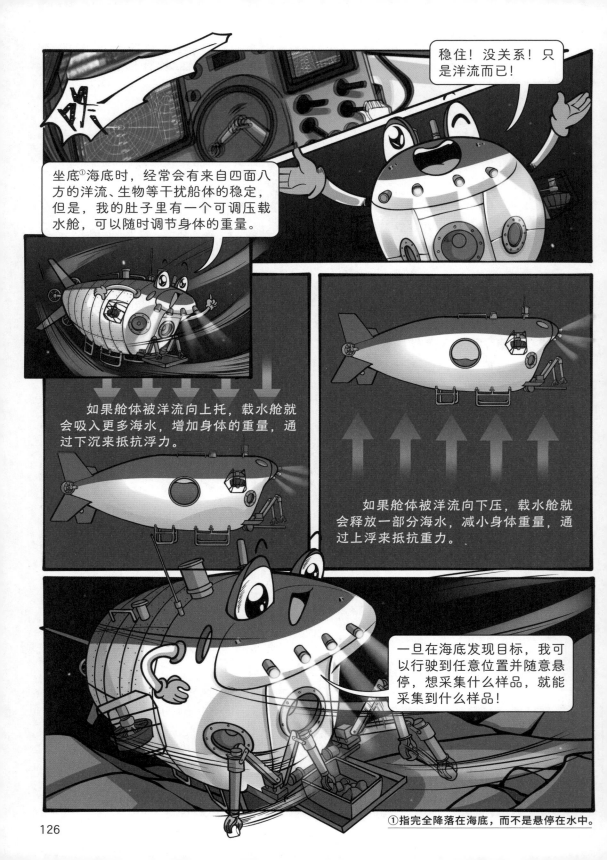

稳住！没关系！只是洋流而已！

坐底①海底时，经常会有来自四面八方的洋流、生物等干扰船体的稳定，但是，我的肚子里有一个可调压载水舱，可以随时调节身体的重量。

如果舱体被洋流向上托，载水舱就会吸入更多海水，增加身体的重量，通过下沉来抵抗浮力。

如果舱体被洋流向下压，载水舱就会释放一部分海水，减小身体重量，通过上浮来抵抗重力。

一旦在海底发现目标，我可以行驶到任意位置并随意悬停，想采集什么样品，就能采集到什么样品！

①指完全降落在海底，而不是悬停在水中。

啥？你问我为什么要采集这些深海沉积物？

哈哈哈，深海的资源确实非常丰富，但是我们并不完全是为了开发资源才来采集样品的哦。

来吧，听我好好给你讲一讲！

你看，这里的岩石层就像一本厚重的史书，它记录了地球从古至今的气候和生态环境。

在深海中，由于周围的环境相对稳定，洋流的影响非常小，海底的沉积物一般不会轻易被海水卷走。

年复一年，灰尘、植物、动物骨骼，像叠罗汉一样越摆越高。

深海沉积物一层层稳定地累积，形成了一条展示地球生态的、漫长的时间轴。这些沉积物中的化石，就像一位位无声的倾诉者，等待我们聆听它们的故事……

我是在一次海洋火山大爆发的时候被埋在这里的，我好惨的……

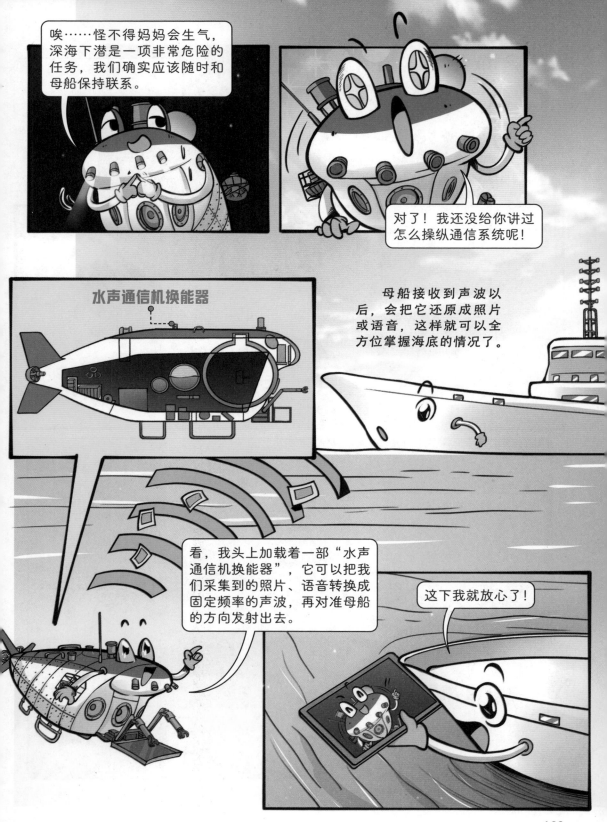

不过，兵书上教育我们一定要学会未雨绸缪，不打无准备之仗……①

所以，我还有一套备用的联系方式——水声电话！

别看这部水声电话年龄大了，它可是一套独立的联系系统！当水声通信系统失灵的时候，它可以派上大用场呢！

在 7000 米级海试作业第一次下潜试验中，"蛟龙"号因电缆意外受损进水导致水声通信故障，和母船联络中断。科学家利用 6971 水声电话，保证了下潜试验的顺利进行。

① 《孙子兵法·九变》中说"故用兵之法，无恃其不来，恃吾有以待也"，意思是说根据用兵的法则，不要寄希望于敌人不来打，而要严阵以待，充分准备。

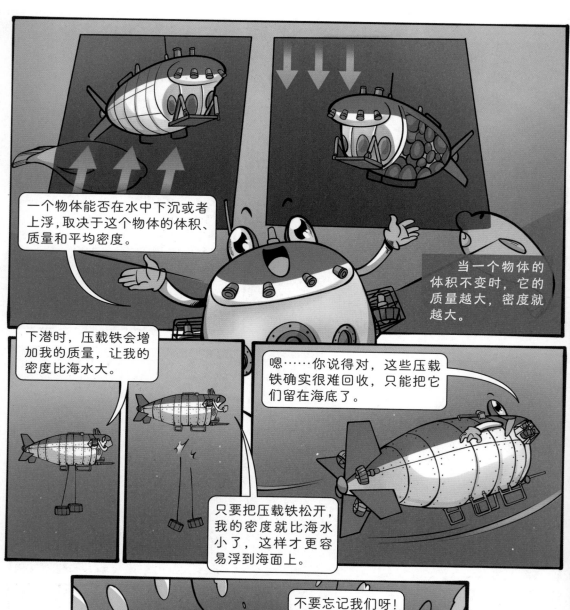

一个物体能否在水中下沉或者上浮，取决于这个物体的体积、质量和平均密度。

当一个物体的体积不变时，它的质量越大，密度就越大。

下潜时，压载铁会增加我的质量，让我的密度比海水大。

嗯……你说得对，这些压载铁确实很难回收，只能把它们留在海底了。

只要把压载铁松开，我的密度就比海水小了，这样才更容易浮到海面上。

不要忘记我们呀！

期待下次再见！

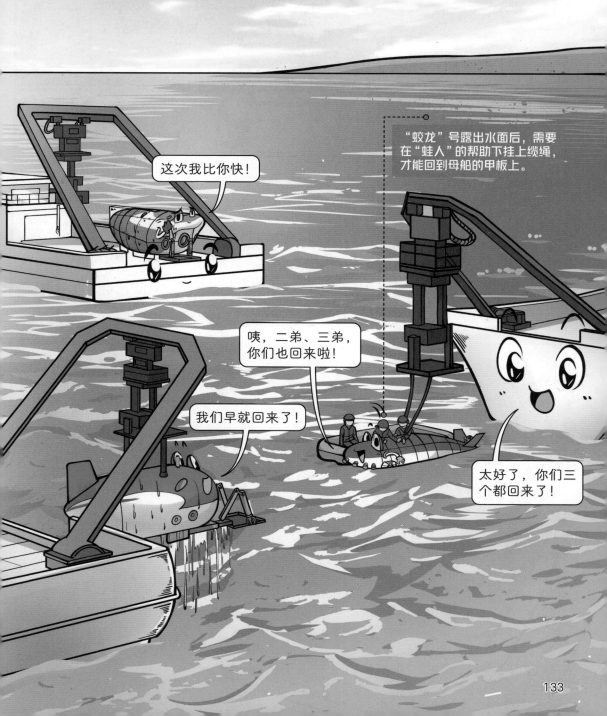

给你介绍一下，这是我们家二弟——"深海勇士"号！

你好呀！

我是"深海勇士"号的母船，我的名字是"探索一号"！

别看我弟弟年龄比我小，它的本事可比我大呢！

"深海勇士"号主要负责探索深度在 4500 米以内的海域。

以前，潜水器的上浮和下潜全都依靠压载铁实现，这是"无动力"方式。加上锂电池电动机以后，我的移动速度会变得更快，可以在短时间内完成更多的任务！

"深海勇士"号搭载了锂电池电机。锂电池的重量轻，可以有效减少潜水器的重量；还可以多次充放电，使制造成本变得更低。

能够刷新下潜记录，并不是我自己的功劳。其实，每一次下潜任务都离不开大家的帮助。

为了保障"奋斗者"号安全下潜，科学家们曾采用"双母船"模式，由"探索一号"担任支援船，"探索二号"担任保障船，还配备了专门的警戒船。

中国海监 2168 船向你问好！

当然要拍照记录呀！我们三兄弟再一次圆满完成了深潜任务！

载人深潜三兄弟合影留念

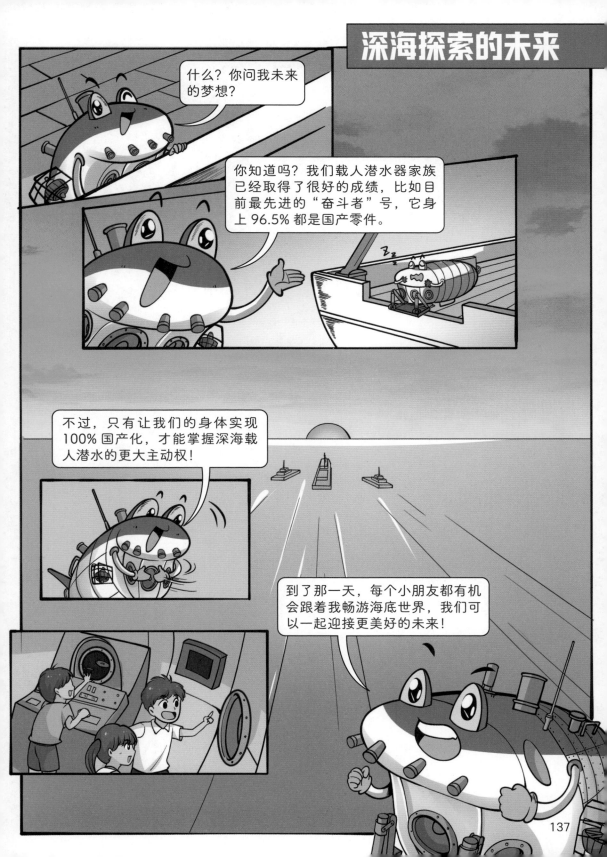

"小小潜航员"认证申请书

恭喜你成功完成了潜航任务！现在你可以申请属于自己的潜航员证了，快把自己的资料补全吧！

★ ★ ★ ★ "小小潜航员" 认证申请书 ★ ★ ★ ★

照片粘贴处

★ 姓　名 _____

★ 性　别 _____

★ 年　龄 _____

★ 学　校 _____

★ 班　级 _____

我于_____年_____月_____日跟随"蛟龙"号载人潜水器完成了首

次深潜体验，收获了_____，

我希望，长大后也能为中国潜水事业贡献自己的力量！

申请人签字：

真实的深潜生活

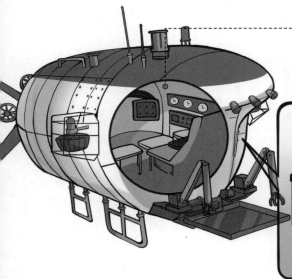

球形载人舱

真实的"蛟龙"号球形载人舱的直径约为 2.1 米，大约是 4 张课桌拼起来那么长。

2.1 米

"蛟龙"号中可以容纳一名潜航员和两名科学家共同作业。

除了专业的潜航员和科学家外，非深海专业的科学家和记者也可以乘坐"蛟龙"号潜入深海。即便是没有经过专业训练的普通人，只要经过几个小时的培训，就可以乘坐"蛟龙"号了。

中国深潜发展史

7062.68 米

2011 年 7 月 21 日

中国载人深潜进行 **5000 米**海试，"蛟龙"号载人潜水器成功下潜。

2012 年 6 月 27 日

"蛟龙"号载人潜水器下潜深度达 **7062.68 米**。

2013 年 9 月 4 日

"蛟龙"号载人潜水器在西北太平洋采薇海山区成功完成第三航段的首次载人下潜任务，并在海底进行了底栖生物、海山岩石等的采集工作。

2014 年 12 月 26 日

"蛟龙"号载人潜水器在西南印度洋执行第 88 潜次科考任务，这是蛟龙号在印度洋首次执行科学应用下潜。

2017 年 2 月 28 日

"蛟龙"号载人潜水器在西北印度洋完成了中国大洋 38 航次的首次下潜。

2017 年 8 月 16 日

"深海勇士"号载人潜水器随"探索一号"作业母船从码头出发，完成了 50~4500 米不同深度的总计 28 次下潜。

2018 年 5 月 21 日

"深海勇士"号载人潜水器在水深 1368 米的海域获取了一只深海水虱样品，这是中国首次通过定向诱捕的方式捕获深海水虱。

2019 年 3 月 10 日

"深海勇士"号载人潜水器在西南印度洋进行热液科学考察，经过 121 天的艰苦奋斗，圆满完成了任务。

2020 年 11 月 10 日

"奋斗者"号载人潜水器在马里亚纳海沟成功坐底，深度达 10909 米，创造了中国载人深潜的新纪录。

2021 年 12 月 5 日

"探索一号"母船携"奋斗者"号载人潜水器完成了马里亚纳海沟常规科考任务，采集了一批珍贵的深渊水体、沉积物、岩石和生物样品。

2023 年 1 月 22 日

"探索一号"母船携"奋斗者"号载人潜水器，成功探底印度洋第二深的蒂阿蔓蒂那海沟。这是人类历史上首次抵达该海沟的最深点，对科学发展具有重要的意义。

作者团队

米莱童书 | M 米莱童书

由国内多位资深童书编辑、插画家组成的原创童书研发平台。旗下作品曾获得 2019 年度"中国好书"，2019、2020 年度"桂冠童书"等荣誉；创作内容多次入选"原动力"中国原创动漫出版扶持计划。作为中国新闻出版业科技与标准重点实验室（跨领域综合方向）授牌的中国青少年科普内容研发与推广基地，米莱童书一贯致力于对传统童书进行内容与形式的升级迭代，开发一流原创童书作品，适应当代中国家庭更高的阅读与学习需求。

策 划 人： 刘润东　魏　诺

统筹编辑： 王　佩

原创编辑： 王　佩　张婉月　王曼卿

漫画绘制： 王婉静　吴　帆　刘环悦　李元慧　罗雅馨
　　　　　　金灿灿　王美淇　辛　洋

装帧设计： 辛　洋　张立佳　刘雅宁　马司文　苗轲雯　汪芝灵

专家审读： 戴　磊　中国科学院国家空间科学中心研究员
　　　　　　冯永勇　中国科学院国家空间科学中心副研究员
　　　　　　刘希林　中国船舶七二五所第八研究室研究员
　　　　　　　　　　"奋斗者"号载人球壳焊接项目负责人

图书在版编目（CIP）数据

领先世界的科研大工程 / 米莱童书著绘. -- 北京：
北京理工大学出版社, 2024.4（2025.1重印）
（启航吧知识号）
ISBN 978-7-5763-3432-6

Ⅰ.①领… Ⅱ.①米… Ⅲ.①工程技术—中国—少儿
读物 Ⅳ.①TB-49

中国国家版本馆CIP数据核字(2024)第011950号

出版发行 / 北京理工大学出版社有限责任公司
社　　址 / 北京市丰台区四合庄路 6 号
邮　　编 / 100070
电　　话 / （010）82563891（童书售后服务热线）
网　　址 / http://www.bitpress.com.cn
经　　销 / 全国各地新华书店
印　　刷 / 北京尚唐印刷包装有限公司
开　　本 / 710毫米×1000毫米　1 / 16
印　　张 / 9　　　　　　　　　　　　　　　　责任编辑 / 张　萌
字　　数 / 250千字　　　　　　　　　　　　　文案编辑 / 邓　洁
版　　次 / 2024年4月第1版　2025年1月第2次印刷　责任校对 / 刘亚男
定　　价 / 36.00元　　　　　　　　　　　　　责任印制 / 王美丽

图书出现印装质量问题，请拨打售后服务热线，本社负责调换